Spiritual Culture
青心文化

在阅读中疗愈·在疗愈中成长

READING & HEALING & GROWING

每人都可以成为觉醒的百万富翁

扫码关注，回复书名，聆听专业音频讲解，
认识财富，认识世界，认识自己。

觉醒的百万富翁

[美]乔·维泰利 / 著　雅桐 / 译

the awakened

millionaire

中国青年出版社

图书在版编目（CIP）数据

觉醒的百万富翁 /（美）乔·维泰利 著；雅桐 译.
－－北京：中国青年出版社，2016.11
书名原文：The Awakened Millionaire
ISBN：978-7-5153-4564-2
I. ①觉… II. ①乔… ②雅… III. ①成功心理－通俗读物 IV. ①B848.4-49

中国版本图书馆CIP数据核字（2016）第271053号

觉醒的百万富翁

作　　者：[美]乔·维泰利 / 著
译　　者：雅　桐
责任编辑：吕　娜
出版发行：中国青年出版社
经　　销：新华书店
印　　刷：三河市少明印务有限公司
开　　本：880×1230 1/32开
版　　次：2022年1月北京第2版 2022年1月河北第1次印刷
印　　张：8.125
字　　数：120千字
定　　价：69.00元
中国青年出版社 网址：www.cyp.com.cn
地址：北京市东城区东四12条21号
电话：010-65050585（编辑部）

乔·维泰利是真正的营销、销售、推销天才。

——丹·肯尼迪

（《无废话系列之如何发财》作者）

你以为自己已经明白世界如何运作，乔·维泰利却打开了新的视野。他热情、幽默、睿智，还有，他绝对拓展了你的思维。

——伊恩·帕西

（临床心理学家，美国及加拿大演讲名人堂会员）

我认识的人当中没有谁能像乔·维泰利那样帮助人们建立起具有巴纳姆[1]效应的大梦想，并且能帮助人们实现梦想，成为万众瞩目的人物，让人们变得有钱、有名、发达、有地位。看看乔·维泰利那令人嫉妒的成就，你就知道他所言不虚。

——大卫·加芬克尔

（广告文案、作家、顾问）

译注：

1.巴纳姆效应又称弗拉效应，是一种心理现象，人们会对他们认为是专为自己量身定做的人格描述高度赞同，而实际上这些描述模棱两可、放之四海而皆准。

推荐序
真正重要的是觉醒

乔的这本书，看上去是在说财富，其实远超越财富，他说的是觉醒。觉醒的百万富翁，是所有方面的百万富翁，财富只是很小一部分，他是成功事业的百万富翁；幸福家庭的百万富翁；友情真挚的百万富翁；内心充实的百万富翁……

当一个人真正觉醒过来时，他没有解决不了的问题，没有克服不了的困难，也没有满足不了的愿望。

那么如何觉醒呢？一句话，将你意识里的那些负面信念翻转180度过来就好了。

"我不配得""我不够有钱""我能力不行""我不够优秀""我不值得爱""别人对我不友善""成功属于少数人""人生真难""活着真累""这世界总是不公平"……熟悉吗？当你遇见挫折、不如意、人际烦恼、被拒绝、被否定的时候，这些念头是不是会自然而然浮现出来，连想都不用想？他们一直在你心里，从童年开始，从没离开。

现在，契机来了，重新看看他们，这些念头就像一根根线，而你就是这些线控制着的"木偶"，每天被动又自动地活在这些线的操控里。人生只有一次，只活一面多么乏味，何不斩断这些绳索，自由地、主动地、积极地活出另一方面的自己？颠倒过来也没有什么可失去的不是吗？无非只是一些念头罢了，180度翻转的选择权就在此刻、你的、手里。

打开这本书，看看乔的激情与创造，看他给你的鼓励与勇气，让自己的生命由此刻开始蜕变。

谢犁

出身华尔街的风险投资人

长安私人资本创始合伙人

谨献给你，觉醒的百万富翁

财富伴随勇者。

——维吉尔

目　录

向自己发誓

要足够强大，没什么能扰动内心平静。

要向你遇到的每个人谈论健康、快乐、富足。

要让你的每一位朋友觉得自身有可取之处。

要看到每件事物光明的一面，真诚地乐观。

要往最好的一面想，尽最大的努力工作，有最高的期望。

要对他人的成功充满热情，一如对自己的成功那样。

要放下过去的错误，专注于未来的成就。

要时刻面露神采，对遇到的每一个生灵微笑。

要将时间全部用于自我改善，没有工夫去对别人评头论足。

要心量宽广，没有忧虑，为人高贵，没有嗔怒，内心强大，

没有恐惧，快乐欢欣，没有愁苦。

要尊贵自重，然后通过行为彰显于世，

而不是通过夸夸其谈和自我吹嘘。

要坚信世界是善待你的，只要你真诚地面对自己的善。

——《乐观主义者守则》原文

摘自克里斯蒂安·D.拉森1912年所著

《你的力量以及如何运用它》一书

觉醒的百万富翁守则

觉醒的百万富翁首先是由他们的激情、目标和使命驱动的。

觉醒的百万富翁将金钱作为灵魂的工具去产生积极的影响。

觉醒的百万富翁永远都有力量，绝对相信他们自己。

觉醒的百万富翁永不停止成长、进步、重塑，永远准备发现。

觉醒的百万富翁毫不妥协地率直，甘冒风险，从不迟疑。

觉醒的百万富翁受来自直觉的灵魂之声指引。

觉醒的百万富翁知道财富是指他们拥有的一切，不仅仅是金钱。

觉醒的百万富翁对他们拥有和达成的一切都充满深深的感激之情。

觉醒的百万富翁永远和普世的富足相连。

觉醒的百万富翁慷慨、道义，关心他人的福祉。

觉醒的百万富翁尊崇三赢精神。

觉醒的百万富翁衷心地与他人分享创业才华。

觉醒的百万富翁以身作则，是他人转化的催化剂。

我的使命是帮助提升这个世界，让它免于不必要的痛苦。

这始于帮助你自己转化，实现财富和精神上的梦想。

这是为你，也为我们而作的书。

你是否愿意与我同行?

前　言

本书是我的作品。我用了30年的时间写出这份宣言。我所教导所分享的任何其他东西，都比不上写作本书时的十足信心。

觉醒的百万富翁运动不仅是为了你个人的将来，不仅是为了让你成功发达，获得精神与财富的双丰收，它更是为了我们所有人的未来。觉醒的百万富翁不只让你享有巨大的成功，它还带来更深刻的意义。这些更深刻的意义体现在你给社会的回报中，那是我们这个社会所急需的。它还体现在你成为至善的力量，能带来变化，能改变世界。要做到这些，你必须在精神上和财富上都获得成功。那样你才能成为觉醒的百万富翁，成为能量之源。为了众人，你必须成功。

世界需要你成功。

愿景是如此远大，对行动的召唤是那么迫切，而代价也是那么高。我希望你能真正明白，为什么你应该听从我的话——要知道我之所以能够到达此刻，来到你的面前，同你在一起，必须先获得那么多的成功，克服那么多的困难，实现那么多的梦想。

我不是个含着金汤匙出生的人。说实话，当我在德克萨斯州达拉斯艰难求生时，一把金汤匙真能救我于困境中。我在贫困中挣扎了十年。你在追求自己成功的路上遭遇到的每个挑战，可以说我都有过类似经历。而因为我处在贫困的底层，这些挑战在我身上显得加倍无情，简直让人窒息。

现在，我过的生活是当年那个无家可归的我想都想不到的。现在的我身家几百万，享有富裕和自由，这些正是我希望你也能享有的。然而，我现在仍在深入灵魂之旅，全身心地继续成长，继续体验，更加觉醒。这是一生的旅程。我热爱每一个当下。

我用了几十年才来到今天。我真心为自己取得的成就感到骄傲。我分享这些，不是为了吹嘘自己，只是为了向你证明，我所说的是我亲自走过的，我所教的是我活过的。

我飞往科威特参加公主的盛宴，在她举办的盛会上演讲，收取了六位数的报酬；披头士乐队打造者的儿子邀请我在他制作的电影和电视节目中出镜……

我写下了将近50本书，包括在世界范围内畅销的《吸引力法则》《秘密祈祷》等，也创建了破纪录的自助项目，由南丁格尔－柯南特等著名出版商经销……

我是互联网营销的先驱，也是第一批写作有关主题的作者，我利用互联网卖出《哈利·波特》，推出顶级培训计划，三日内赚了50万……

我在全世界旅行，到各个国家演讲，包括俄罗斯、秘鲁、波兰……在美国演讲家协会举办的重大活动中是主要演讲人，与唐纳德·特朗普及托尼·罗宾斯同为百万财富盛会嘉宾……

我写出了《零极限催眠写作》《零极限催眠营销》《零极限购买沉醉》，创办了秘密之镜、秘密反省、奇迹教练®、财富发动器、超级财富，等等。或者通俗点说，我是个创造点子、整合它们、向大众营销的好手……

全国各媒体争相邀请我，我出镜拉里金现场直播两次，上过唐尼·德意志的"大创意"节目，还上过 ABC，Fox，CNN，CNBC，等等。出演过 15 部影片，其中最著名的是《秘密》……

我将心灵疗愈课程"荷欧波诺波诺大我意识疗法"推向全世界，通过我的《零极限》和《新·零极限》让约五百万人接触到这一课程；在我将近 60 岁时，感应自身灵魂的冲动，成为音乐家，迄今录制了 15 张专辑……

我发展出一套灵性的致富手段，弃用你死我活的竞争，着重于靠平衡、健康的方式达到成功，立足于激情与目标；知道如何进行三赢的谈判，用诚意做生意……

听任何一个人说上 20 分钟，我就能为他量身定制赚钱的创意；创办 YES 活动，结束无家可归者生涯，为贫穷者集资，教导无家可归者要胸怀大志，面对局限，实现自己的最高理想……

我发现自我发展中"遗失的秘密"，发现"自相矛盾的意愿"，教导他人如何克服相冲突的想法，快速达到自己的目标；我是吸引力法则的专家，知道如何运用它，教导它并且超越它……

我有了财富上的成功，我品尝了心灵觉醒，我教导了数百万人如何才能像我这样，现在该到另一个层次了。

这些成功已成了过去的成绩。我告诉你，是为了让你相信我，因为你即将踏上的旅程需要你相信我。

我有东西可以教给你。我希望能激励你，去追逐去实现自己的梦想。我希望你能跟随自己的激情。等你学会如何将激情转化为利益，学会如何表达出自己的独特性，因而改变这个世界，你的生命会成为奇迹。你会发现灵性的财富。

那时，你会成为觉醒的百万富翁。

这份宣言就是我的工具，助你完成那个高贵的梦想。

你会发现这本书不那么正统。但这是特意为之，目的是为了唤醒你逻辑及情感上的主体，这两者必须结合，这样你才能开始觉醒的百万富翁之路。

这份宣言是号角，召唤你参加这场运动。

请阅读，吸收，沉思，行动。

我的使命是帮助提升这个世界，让它免于不必要的痛苦。这始于帮助你自己转化，实现财富和精神上的梦想。

这是为你，也为我们而作的书。

你是否愿意与我同行？

乔·维泰利

得克萨斯州，奥斯丁

www.awakenedmillionaireacademy.com/begin

英文版序

我都不记得我是什么时候成为乔·维泰利的粉丝的。最早读到乔的书时，我还是密歇根大学的学生，他的书打开了我的眼界，让我知道我无须走循规蹈矩的路：考好成绩，毕业，找份朝九晚五的工作，赚钱过日子。他的书打开了我的心胸，让我知道除了这样的寻常人生之外，生活还有别的选择。因此我非常荣幸地为他的新书作序。

《觉醒的百万富翁》是本特别重要的书，它是个全球宣言。它是关于赚钱的书，是觉醒的召唤，它将人们从传统的人生之路上解救出来，你不再非要努力找一份奴隶一般朝九晚五的工作，或为了生存将挣来的钱拿去付账单。大部分人都活在生存模式中，而我们应该活在繁荣模式中。因此这本书能很好地帮助你，让你真正活出生命的意义。

你看，我们教育体系的问题在于，我们问大家："你长大后想干什么？"这样的问题隐含的本质是暗示我们长大后得干份工作，得挣钱，付账单，得活命。

而更好的问题也许是："你喜欢做什么？也许能让它有益于世界？"这本书就是让你来回答这样的问题的，它和精神财富有关。与金钱和解，金钱不是你苦着脸不得不去挣的，而是对你所做的美好事情的回报，对你实现使命的回报。

当你将所做的事情当成使命的时候，神奇的现象就会发生。它会驱动你、激励你、鼓舞你。生活不再像一场不断往上爬的辛苦历程，当你趋向使命时，你简直感觉到两翼生风。当你有这样的感觉的时候，工作就消失了，你的字典里不再有"工作"这个字眼，因为时时刻刻都是那么快乐。金钱不过是个美丽的副产品。

本书是乔迄今为止最棒的一本书——可以说是他30年来所写的50本书中最好的。它鼓励人们伸展、成长、服务、觉醒。书的第一部分从"我们"的角度切入，帮助你领悟到我们是一体的，因为我们就是一体的，还有什么比服务全人类的使命更重要的？

第二部分是关于"你"——从"你"的角度探讨你个人应该如何行动。它帮助你确立使命，确定使命是否正确，如何为你的使命筹集到钱。

和历史上少数真正改变了历史运行轨迹的书一样，这本书，这份宣言同样要改变下一代的命运，你这一代，我这一代。现在是时候了，书就在这里。

谢谢。

维申·拉克西亚尼
"心灵谷"创始人，《非凡心灵密码》作者

致　谢

从谁开始？我有那么多人要感谢。没有米奇·凡·杜森的热情、坚持、奉献和激情，这本书只能停留在概念阶段，根本不可能问世。米奇与他的妻子帕梅拉·米勒是这份宣言的直接起因。马特·霍特及约翰威利国际出版公司的朋友伊丽莎白·吉尔达、香农·瓦戈欣赏此书的价值，促成其出版。威利的妲恩·克尔高给予非常棒的编辑建议。由弗兰克·马加农、史蒂夫·G·琼斯、保罗·马赛塔、格兰·卡卡卢罗组成的斯塔特布鲁克集团公司一直都非常支持我的产品创意，我们一起建立了围绕本书的网络产品及活动，详情可见www.awakenedmillionaireacademy.com/begin。苏珊娜·伯恩斯和锡安·卡特勒是我多年的朋友和助手，没有他们我的计划寸步难行。还有今天所有运行我的"奇迹教练"项目的人们，是这些美好的人将我的事业开展到全世界。当然，还有我不离不弃的爱人娜瑞莎。我爱你们大家，感谢你们。

序　章

一场战斗正在你脑海中展开，诡异，癫狂。

你身处战火的最前线，双手满是水泡，紧握住枪，不顾一切地朝着一片白茫茫的浓雾开火。

看不清雾那头是什么。

不过敌人就在那！疯狗般凶残的敌人。

黑影在雾中间或一闪，太快了，辨不清身形。你很想看到面孔、身体，或是树木，可是除了战斗本身，你什么都看不清。战斗如巨兽一般毋庸置疑地存在着，因此敌人也一定像巨兽一般毋庸置疑地存在。

然而，除了那团浓雾，你对藏身其中的敌人一无所知。雾总是不散，仿佛只要你在，它就一直在。

在你的两旁，男人女人们和你并排，长长地排列开来，每个人都一样紧张亢奋。有的大喊大叫，将一波波的子弹射进浓雾。有的则仿佛尽人事听天命，恪尽职责地只管开枪。

没有一个人看上去像经过训练的职业军人，不像是刚硬的战士，都是普普通通的平民。但每个人都因筋疲力尽而面目呆板。

你太累了，骨头都要散架了，精神恍惚。手上满是水泡，衣服尽染征尘。肩膀僵硬紧绷，就像是那些扛惯步枪的人那样。

没人敢停下来喘口气，敌人就在那里，战争是来真的，输了会一败涂地。你只要知道这些就够了。

你记不得战争是如何开始的了。

记不得敌人的模样。

记不得上次躺下来是什么时候。

疑虑有时闪过，不过从来没有影响过你心头的坚定不移。

你不会放任怀疑，你要一战定胜负。你在为正义而战，为自己的性命而战。

这才是你要牢记的，所以你牢牢记住了。

一定要坚持下去，所以你始终坚持不懈。

你停下来休息一下眼睛，这时，一只温暖的手搭上了你的肩头。

你脆弱的神经本该大吃一惊，可是那手如此温柔地碰触你，全无敌意。

一个温柔的女声说道："跟我来，有东西让你看。"

她衣着朴素，没有带枪，神情也不显得疲惫。不过你从她手上也看到了水泡，那是握过枪的手，和手上的水泡不一样，她的已经消退了。

她宁静地散发着某种不可抗拒的气场。她看上去……很好。很好的人，平静、安详、举止坚定，却又很温柔。

她怎么会在这儿？

你甩了甩头，不行，你不能弃战，不能离开你的战斗岗位。

你却还是站起身来。

你放下枪，离开战壕，不声不响地跟在她身后。你的战友们回头瞪着你，眼中冒火。

你的身体还在嗡嗡发麻，是被射击震的，胳膊也不舒服，因为手上没了枪很不自在。

你的心中又愧又怒，脸虽然涨红了，血液却像退到了脚底。

你觉得自己叛变了，是个叛徒。

她在前头走，你跟着。

肌肉阵阵抽搐，膝盖发软……你很不舒服。也不知道走了多久。

然而她还在走，你还是跟着。

战友们还在奋战，你从他们身边走过，感觉到一种从未意识到的徒劳茫然。

我们不是士兵啊，你对自己说，不是士兵。

你沉浸在思绪中，不知不觉发现已经来到了队伍的终点。带路的女子往上爬出战壕，无所畏惧地朝前走去……

我们为什么朝敌方走去？

你顾不上身体的疼痛，心头的好奇，你觉得害怕、困惑。可是你并未停下脚步。

恐惧让你脸颊通红，头发晕。可是你一声不吭，你觉得自己已经石化了，可是你还是朝前走去。

她到底带你去哪？

这时，她停住了。她指向你右边的一座小山，做手势要你爬上去。

你没说话，走到她前面，向山上爬去。她跟在你身畔，你的脚步紧张凌乱，她却从容不迫。你能感觉到善良和慈悲。

到达山顶，你转过身来。

就在下面。整个的战场。完全出乎你的意料。

左边，你看到在浓雾围裹中的一条条火舌，你的战友们正拼尽全力，万枪齐发。

右边，你终于看到雾那头是什么了。

什么都没有。

没有敌人，没有巨型战争机器，没有可怕的怪兽。

只有一片小树林，被乱飞的子弹打得千疮百孔。

你倒吸一口冷气，吸气声和面前的场景一样吓到了你。

你身上每一块肌肉都因惊恐而颤抖。

眼珠子要掉出来了。

什么都没有！

你一把抓住她的手，心中一片混乱，用力地握着她的手。

你想喊，却只发出了耳语般的声音："我们在为什么战斗？"

她转头看着你，眼里满是善意。

"为我们对金钱的爱。"

第一部

/我们

第一章
真相

对于灵魂来说，金钱一无所用。

——亨利·大卫·梭罗

对错判断：

金钱是万恶之源。

金钱是毁灭者。

金钱买不来幸福。

金钱不能买到内心安宁。

金钱是彻底的腐败。

金钱让人铁石心肠。

金钱让人疯狂。

金钱是毒药。

金钱掌控我们。

金钱让人贪婪。

金钱让人贫穷。

我们在向金钱开战。不知道从什么时候开始，也不知道为什么。不过我们觉得就是应该如此，理应开战，因为人总比钱重要吧。我们的灵魂充满怒火，我们认为金钱不应该凌驾在我们之上，它总是欺凌我们，所以我们吹响战斗的号角。

我们诅咒金钱。快意地诅咒，愤怒地诅咒，蔑视地诅咒，恶毒地诅咒。

我们的灵魂怒斥金钱，仿佛它就是全部的人性败坏之源。

我们厌恶它加诸于我们身上的邪恶掌控。

我们憎恨它用压力对我们进行糟践。

我们鄙视因它而滋生的贪婪。

我们痛心它用狡诈的方式侵蚀了我们的健康、寿命、幸福。

我们憎恨它让我们无助地屈服在它的淫威下。

我们像娇宠的孩子一样哇哇大哭，气它给我们带来折磨。

我们恨不能痛快地烧了它，一张张地烧，可惜我们太爱它了。

对，我们爱金钱。

不管这矫情的针对金钱的战争的声势有多浩大，都无法触及我们那贪得无厌的欲望。想要钱，许多钱，见钱眼开，爱财如命。

我们做梦都想口袋胀鼓鼓的，工资涨了又涨。

我们渴求那神奇的财务自由。

我们深信需要金钱去买来幸福。

我们破财的时候顿足捶胸。

我们有钱的时候眉飞色舞。

多么疯狂！这是在用多么变态的方式，去度过人生！

要是我们和伴侣之间的关系也如此，我们就会将关系定义为功能失调、情感虐待。我爱你，我需要你，我越来越多地需要你。你讨厌我，你害我。你是我的，我一个人的。你谁都爱，就是不爱我。

不管我们喜不喜欢，我们都和金钱发生关系，无处可逃。它不会消失，我们和金钱同生共死。可是我们却不断对抗、对抗、对抗。挣扎、挣扎、挣扎。

这样的恶性循环仿佛是我们的命运。

我们对抗、挣扎，对钱爱恨交加，然而，有那么一小部分人，他们有钱，从不缺钱，却根本不需要钱。他们浸在富贵中，要什么有什么，什么都有，包括使命和目标。他们饱尝成功的滋味，却从来不对金钱有贪爱。

他们既不爱钱，也不恨钱。

他们既不为钱苦苦挣扎，也不对抗金钱。

他们掌握金钱，却尊重金钱。

他们不会为钱争斗，反而慷慨施与。

然后还总是赚钱。

可这是觉醒的方式，与我们平常的准则大相径庭。从我们周围的环境，很难得到这样的觉醒，连体会到一点觉醒的可能都很难。我们来看看心智的牢笼是如何阻碍这样的觉醒的。

一个男人行驶在密苏里州圣路易斯城180号公路上，他正去上班，突然他的1993年产丰田花冠车引擎盖里冒出烟来。他没钱修车，但如果他不去上班，就拿不到按小时付费的工资。他既没有信用卡，又没有别的财源，于是他赶紧跑到最近的店面，办理发薪日贷款。几个小时后，他得到了500美元的贷款，将他的车送到了修车铺。两周后，他拿到了工资，却没有足够的钱还短期贷款。贷款在一天后涨到644美元，并且在接下来的几个月里滚成了一笔巨款。发薪日贷款公司将他告到法庭，他失去了一切，包括工作。

他得出结论，金钱就是邪恶。

两姐妹在律师办公室碰头，第一次听律师宣读她们母亲最后的遗嘱。姐姐得到了母亲的大部分财产，妹妹只得到了小部分，还锁在信托公司手上。回到姐姐的客厅，妹妹质问凭什么遗嘱里给她的那部分那么少。姐姐委婉地提醒妹妹因为她嗑药、酗酒，而且母亲最后在医院的几个月里，她从没来探望过。妹妹恼羞成怒，和姐姐大吵一场，吵得那么伤感情，以至于此后她们形同陌路。多年后她们虽然重建联系，妹妹却仍然恨意未消。姐姐呢，对自己独得大部分财产一直内疚，却因为害怕伤到对方的自尊，从来没有给予妹妹财务上的帮助。

她们得出结论，金钱是毁灭者。

23年来，这个男人每天早晨都到附近的熟食店，买一杯咖啡，一个三明治，再买张彩票。他钱不多，所以从来不下大注买彩票，不过经年累月，花了几千美元后，他中头奖了。领奖方式有两种，一是每年分期领钱，26年领完，二是一次结清，他选择了一次结清。他想尝到自己银行账户上有三百万美金是什么滋味。他曾经是个穷孩子，不知道洗澡水龙头会不会流出热水，穿着别人给的不合身的衣服，被人耻笑，现在，他想让每个人都看看他拥有什么。他买了豪宅、豪车、游艇，还有了老婆。他给父母也买了新房。他接连不断地度着豪华的假期。他也捐钱给社区。五年后，他的银行账户余额为零。他卖了豪宅、豪车、游艇。他老婆跑了，最后他回去做工，又开始去另一家熟食店。

这个男人得出结论，金钱买不来幸福。

一位单身母亲，打两份工养活孩子。不是工作就是做饭、打扫，她都记不得自己上次休息是什么时候了。每个月，账单都堆积如山，每次从邮箱抽出那白色的开了塑料小窗口的信封，她的心就一沉，都沉了千百次了。永远没有付清的时候。退休，越来越像父母讲的童话故事，遥不可及。

这位母亲得出结论，金钱是牢笼。

一个年轻人，做着一份自己不喜欢的工作，卖着自己都不信任的产品，向客户们说着毫无热情、言不由衷的话。他痛苦地工作，赚不到钱，勉强支付账单。随着时间的流逝，他失去了自尊，失去了家庭，以及健康。

他得出结论，金钱让我们贪婪。

一个女人开始自己做生意。她并未厘清自己内心深处对金钱和成功的想法，就将所有的积蓄和贷款投入生意中。生意失败后，她借了更多的钱，刷爆了信用卡，苦苦支撑。还没等她搞清楚究竟什么状况，就破产了。

她得出结论，金钱让我们贫穷。

所有这些善良的人们，他们得出的到底是事实，还是主观偏见？

我们大多数人都相信自己认为的就是事实，而实际上却只是一些经不起推敲的共有观念。

观念塑造了现实。它们会影响我们看到的一切。它们屏蔽掉事实。于是我们大多数人最后都认定我们需要努力，需要不断挣扎，只能在心里但愿有个更美好的人生。

然而，有那么多次，我们也看到了完全不同的另一些人，他们让我们艳羡不已。他们摆脱了金钱的桎梏。能摆脱金钱的诱惑，是我们无论如何都做不到的。在那样的人面前，我们因自己的懦弱而感到羞耻。那些人，某一刻脑子里灵光一闪，就扔下工作，卖了房子，抛弃所有，说走就走，跑去度一个不知何时结束的人生假期。再也没有钱的问题追着脚后跟咬。

我们钦佩他们的勇气。

还有那些虔诚的行者，安住于素朴的生活，将灵魂奉献给神与至善。他们的生命中没有任何奢华之物，自由和灵魂的纯洁却取之不尽。他们是活生生的无我无私。他们辗转于饱受战争蹂躏的国土，帮助那些生不如死的人们，军阀四处肆虐，随时可以要他们的命，他们却无畏无惧。

我们钦佩他们的纯洁。

还有诗人，传奇的艺术家，他们对金钱无动于衷，却浪漫地追求神圣的缪斯女神。他们穷困潦倒，食不果腹，衣不蔽体，还时不时遭到驱逐，只为了追随激情。激情，多美丽的辞藻，多值得为此献身。对我们这些芸芸众生来说，一旦放任激情，就会带来无尽烦恼，贪求无度。而这些脱俗的人什么需求都没有，他们饮风浴日，不食人间烟火，就像野藤，自然会向着圣洁的天空舒展生长。

我们钦佩他们的坚韧不拔。

再看我们，身陷堆积如山的账单中，一边渴慕地看着那些勇敢的人，他们毫无金钱顾虑，在自由世界中过得自在潇洒。他们也许受过苦，也许要奋斗，也许会饿肚子……可他们自由。他们就是激情人生的标杆，他们体现了"这才是活着"，他们活出了极致。他们身负崇高使命。他们是神圣的使者。

可是，那最深藏不露的信念到底是什么？

到底是什么样隐晦的信念，让我们大多数人都无法看清金钱？

自从金钱出现之始，上述那些关于贪婪之人和激情之人的故事就层出不穷。在我们的社会中最有名、流传最广的话，应该是出自于《圣经》的一句古语。"金钱是××之源"，你可以自己填充。

你知道要填什么词。那词语就在你的潜意识中，现在正浮现到显意识。你是不是基督徒无关紧要，因为这句古语有无穷的生命力，早已渗透了我们的世俗生活。魔鬼轮回转世，笃定地缩进我们的钱包里，等着重见天日，再次折磨我们的灵魂。

可是，《圣经》的话被误引了。

"金钱是万恶之源"——这七个字是错误的。

《圣经》中真正说的，是完全不同的另一番话："……那想要致富的，陷入诱惑的陷阱，愚蠢有害的欲望，将他们带入毁灭。对金钱的贪爱是万恶之源，有人出于渴求金钱，背离了信仰，被种种痛苦穿透。"——《提摩太书 6:9-10》

在此我们尝到了来自觉醒的嘲弄。不是宗教式的觉醒，而是普世的。

对金钱的贪爱……

对金钱的贪爱是万恶之源……

真正觉醒的百万富翁没有对金钱的贪爱。

他们使用金钱，他们理解金钱，他们用金钱改天换地，但他们不贪爱金钱。

虽然他们之中免不了仍有男女借金钱作恶，贪婪腐化，但我们不禁以新的视野问自己如下问题。

金钱是贪婪腐化的根源吗？

金钱造成了我们所有的痛苦？

金钱是我们可恶的贪求欲望背后的魔鬼？

金钱是一切悲惨、挣扎的唯一原因？

也许根本不是这么回事。

如果我们就事论事地看呢？金钱只是非拟人化的客观之物？只是一张纸头？或一块普通金属？

如果我们拿掉一切附加在它身上的意义，放下所有负面的想法，也放下贪得无厌的欲念，去看金钱，会怎样？

我们能全然转化我们和金钱的关系吗？能想象内心不再有这样怪异、疯狂的撕裂吗？

想想看，这种看起来完全悖逆本性的新的对金钱的态度，是否会带来更多的幸福？更真实的成功？让我们的生命更加丰富？

是不是有可能？

我郑重地告诉你，这是可能的。这不是幻想，不是乌托邦式的空想。这也不是把头埋进沙子里的自欺欺人。

实际上，我们眼前就有活生生的例子，告诉我们如何与金钱建立健康的相关互动，这一模式正在一小群人中日益深化。它是现实，被这么一群低调的梦想家、充满激情的为善者所拥戴。

　　它就在眼前。就在身边。

　　请认识觉醒的百万富翁。

第二章
觉醒的百万富翁

我们真正想做的事，我们会用心去做。当我们用心去做事，金钱自然会来，门自然敞开，我们觉得自己有用，工作和游戏一般。

——朱丽叶·卡梅隆

万什·杨这个名字你可能听都没听说过。

但在1930年早期，他写了一本当时最具影响力的自助手册《共有的财富》。杨做人寿保险，赚了很多钱，要知道，那可是大萧条时代，很多人都挣扎在饥饿线上，还有许多人自杀了。杨还写书，告诉人们怎样去关心他人，去真心诚意地服务他人，并且享受当下的幸福快乐。虽然杨去世已经很久了，但即使在今天，他的书仍然可读，并不过时。

布鲁斯·巴顿曾享有"无人不知的人物"的称号。

他是早年间的"疯子"，一个并不疯狂的疯子。他是个鼎鼎大名的广告天才，1919年他和合伙人共同创建了BBDO广告公司——全世界最大的广告公司之一，同时他还是个畅销书作者。他的作品之一《无名之辈》将耶稣描述为一位生意人，带领12个部下改变了整个世界。我本人也写了一本关于巴顿的书——《被遗忘的七项成功秘诀》，书中表明他热爱原则，并非逐利之人。

玫琳凯·艾施曾说过："一个平庸的思想，如果能真正带来热情，要好过那些无法推动人们的伟大思想。"

玫琳凯激励了无数妇女。她会把粉色凯迪拉克作为奖品，奖励给那些推销她美容产品的最佳销售们。她的使命是热忱地帮助妇女们独立，同时她也赚到了钱。

艾伦·卡尔想要全世界都不再有人吸烟。

卡尔曾经是个老烟枪，他发明了"交谈治愈"法，非常有效。他的余生致力于向全世界推广这一轻松戒烟的方式。来听他演讲的有名人，也有邻家兄弟，许多人都成功戒烟。可是讽刺的是，卡尔本人却死于肺癌。在他演讲的时候，他允许听众吸烟，结果他自己因吸进太多的二手烟而病倒。他知道自己的病情后说："这是值得的。"他身负使命，对他来说，传播他的领悟高于一切。

黛比·福特说："让光明照进黑暗。"

她的书让人们清醒，看到自己隐藏的问题所在，让人们重新获得力量，去实现自己的梦想。《黑暗，也是一种力量》帮助人们不再自欺，看到自己深藏的偏见，从而获得自由。她不仅上电视，还拍电影，在世界各地演讲。

这些人有什么共同点？

他们都是觉醒的百万富翁。

他们没有专属的组织或俱乐部。也不会每年聚到一起搞一次峰会。他们没有专门的名号。基本上，他们自己都不觉得自己是什么特别人物。

他们不过是怎样就怎样而已。

这些实干的梦想家们恪守古怪的信条……说古怪，不过是在我们眼中这样的准则太惊世骇俗。我们深信约定俗成的信念，生活是场战斗，我们必须时刻像戒心十足的狗一样提防着危险。

而他们的准则非常简单。

灵魂 + 金钱 = 更多的灵魂 + 更多的金钱

灵魂加上金钱，等于更伟大的灵魂和更多的金钱。

对此我们的第一反应就是不认可。

对金钱的爱是邪恶的。金钱会摧毁一切。它腐败不堪。它让人盲目。它怎么可能提升灵魂。我们司空见惯的是金钱扼杀了灵魂。

金钱和灵魂不仅可以和谐共处，还能互相促进，这个想法简直是疯狂。

可是，我们身边有活生生的例子，他们如此生活，和金钱的关系完全不同于我们，他们饱含激情，目标明确。

觉醒的百万富翁，他们的每一步都证实了这一准则真实不虚。

他们没有超能力，也不是神话英雄。粗略地看，他们过着很真实的人生，平平淡淡，一点传奇色彩也没有。但是，透过平淡无奇的表层，我们才能发现下面新奇的理念。

他们的动机并非金钱，而是独一无二的愿望。

激励他们的不是赚更多钱的欲望，而是向所有的人分享他们的激情。

他们从不受限于安全感，而是唯目标是大。

他们想要的不是闪闪发光的新奇玩意儿，而是达成使命。

这简直是圣人的品质清单嘛，但这和他们是不是圣人毫无关系。

觉醒的百万富翁们的内心深处，都有一些灵性情怀。那样的灵性情怀以何种面目示现则肯定会因人而异。他们也许会和某个特定的外在的高灵相连结，也许只是感觉到有超于本身的更浩大的存在。

他们也许信仰宗教，也许没有特别的信仰。通常觉醒的百万富翁们都会和某种伟大的、对他们而言别具深意的要素相连。他们感觉到有一个源头，各自以独特的方式和自己的源头相连。

他们无论走到哪里，都在教堂中。

他们无论说什么，都是在祈祷。

他们无论做什么工作，都在奉献。

当然，他们每个人都会决定自己的灵性方式，有没有具体的宗教信仰并不重要。作为觉醒了的人，他们领悟到他们自身就是所追寻的那个灵性。

觉醒的百万富翁并不仅仅是属灵的。觉醒的百万富翁是运用金钱作为工具来为自己的使命服务的人。

金钱，是灵魂的工具。

金钱，是灵魂的合作者。

金钱，是一个投射器，将灵魂的光彩投射向有形的世界，产生有形的结果。

虽然对觉醒的百万富翁而言，钱来钱去毫不费力，他们却不是只为自己和家人赚钱、花钱，他们的使命借由金钱和执行力得以施行。然而在使命背后，在梦想、目标的后面，是清醒严肃的认识，认识到他们当下就可以去实现那激励他们的愿景。

激情，是强烈、迷醉的情感，在我们的心中蠢动。那是我们最深刻的愿望。

我们的目标不是简单的我想要什么，它根植于我们为什么而存在。

使命是深刻的目标，伴以坚定不移的热情。那是召唤。

激情 + 目标 = 使命

我们和金钱的整体关系让我们折翼。我们对金钱爱恨交加，在种种扭曲之下，受伤害的绝不是我们个人。恶果会蔓延开来，像并发灾害，传递给我们周围的人，传递给相关群体，乃至整个社会。

当今社会的某些富豪也许很有激情，但其中的某些人除了对钱有激情，其他都漠不关心。糟糕的是，在他们身上，往往典型地体现出金钱的消极面向。他们腐化堕落，滥用法律，凌辱他人，正是他们的贪婪让我们对金钱形成草率的概念，并因此深受影响。

觉醒的百万富翁的视野要开阔得多。

他们向自己目标、激情和使命觉醒，他们和金钱有健康良好的关系，完全合适。

要说明的是，觉醒的百万富翁不是说你一定得是个百万富翁。也许我们有几百万在银行，甚至有十几亿，又或许我们只有一千元。

到底什么才叫富裕，这个得由我们自己去想清楚，每个人的看法都不一样。我们要整体地看待富裕。富足不是仅仅指财务上的殷实，也不应该局限在财务上。到底什么能给我们带来意义、快乐和富裕感，这只有我们自己知道。

那么我为什么要用百万富翁这个词？

因为百万富翁是个固定概念。是个比喻。百万富翁早就成了社会约定俗成的观念，是成功人士的终极象征。我们想成为百万富翁，做梦都想，无比艳羡，或者，恨之入骨。

我们应该收回百万富翁一词。

我们应该洗清加诸其上的铜臭味儿，为它注入更深刻的含义，让它配得上金钱能达成的一切。我们应该让它重生，让它激励我们。觉醒的百万富翁尽可能地赚取觉醒的金钱，来追随他们的激情。

灵魂 + 金钱 = 更多的灵魂 + 更多的金钱

这是新的号角，不是为战斗吹响，而是为了真正的富足。

第三章
一次觉醒

如果一个人搞定了他和金钱的关系，
基本上他就能搞定生活的各个方面。

——比利·格雷汉姆

这是个真实的关于觉醒的故事：

1960年的美国，许多人生计艰难。有个男孩从小就在铁路上干活，小小年纪已经知道艰苦的滋味。他父亲是那种一天假都不会请的人。孩子只有五岁的时候，父亲就开始让他干活了。这男孩一放学就到铁路上干活。当然，是有报酬的，他每小时可以挣一美元，还有免费的午餐，可是，却得不到小孩子们喜欢的东西。

他所处的俄亥俄州乡村小镇乏善可陈。威廉·麦金纳在这里出生。为纪念美国总统而建的公共图书馆只是个景点。他的家庭笃信劳工阶级的价值观，在周围乡亲们的脸上，同样刻满了艰辛愁苦。有时候邻居来喝杯咖啡，啜口自家酿的酒，他就听他们讲各自的故事。每个人都不容易。

家里的电视屏幕十分模糊，里面的故事也大同小异。就连风靡一时的喜剧《吉利根的岛》，也无意当中加深人们认定富人是贪婪、惹人厌的想法。热播剧《FBI故事》则告诉人们在追求金钱的过程中人会做出多么可怕的事情。还有其他电视剧，像《洛克福德的苍蝇》，都在向人们传递金钱会造成腐败这个理念。预设在不知不觉中形成，却没人对此警惕。毕竟这不过是些娱乐。

很小的时候，他就知道自己想成为作家。一方面，作家的人生看起来那么神奇不凡，和芸芸众生的沉闷生活完全不同。他读杰克·伦敦的生平故事，也读他写的书，对荒野生活无限向往。去远方、荒原，去异域风情的城市，和神话中的神兽邂逅，这一切离小镇男孩那么遥远。

另一方面，他想给人们带来欢乐。他想让人们感觉好一些。所有的苦难背后到底是什么原因，这对一个小男孩来说太难明白，但苦兮兮的脸散发着的悲愁的味道，小孩也能看懂。

他想让人们快乐。

他想写喜剧，写幽默话剧，让人们发笑。他想写书，鼓励人们去追求更快乐的人生。他看够了阴郁的厄运，也在自己的为生计挣扎中饱尝辛酸。他希望自己的写作能带来改变。

年岁渐长，想当作家的愿望日益强烈。周围沉重的气息反而更让他心痒难忍。他不知道该怎么做，也不知道写什么，只知道他就是想写。还知道他想给人们带来快乐。越战的报道在家家户户的收音机里播放。一位受人爱戴的总统，一名参议员，一位和平运动的领袖先后被刺杀。够了，人们承受得太多。

他年轻，又没有受过正规教育，他不知道怎样才能实现自己的目标。他去了大学，但一点都不喜欢。除了和美国文学相关的科目，其他的科目全都不及格。只有文学是他的亮点。

他完成了自学课程，读各个作家的传记，写了一本又一本关于写作的书。另外，他对人的潜能很感兴趣，所以读了不少自助类书籍，还有心理学、催眠术、哲学、形而上学。《信念的魔力》等书改变了他的生命，教导他如果坚守信念，就能做成任何想做的事情。包括成为一个作家。

每周末，他仍去铁路上干活，他讨厌这份工作，但很庆幸能挣到钱。他攒了点钱，2000美元，对一个孩子而言算是笔小财富了。于是他整理行装，告别故乡，跳上汽车，过了三天三夜来到了德克萨斯州的达拉斯。为什么去达拉斯？因为他喜欢达拉斯牛仔队，那是他最喜欢的橄榄球队。还有电视剧《达拉斯》也让这座城市看上去很诱人。

人口稠密的大城市让他措手不及。到处都急急忙忙，行色匆匆，人员混杂，每个人都怒气冲冲。

在达拉斯居住大不易，工作难找，朋友更难觅。他性格开朗大方，讨人喜欢，也很有幽默感。可他觉得活得像隐形人，没有一份工作能做长久，在工作中也交不到一个朋友。他简直要崩溃了。

几周后，他的口袋就只剩1000元了。这天，他看到一份广告，阿拉斯加的油田在招计时工，工资很高。他能干活，渴望冒险，而且太需要这笔钱了。

他去了招工处，交上自己仅剩的1000元，是旅费和定金。交这么多钱让他的手都发抖，他却兴奋不已。阿拉斯加，多么具有冒险精神的土地，这是对他的召唤。他将所有的家当钱财都赌在这份工作上了。他计划做上一年，攒上一笔钱，回来专心写作。这是个勇气十足的计划，也很合理，足以实现他的梦想。

只是这计划从来没有兑现。

公司破产了，他最后的1000元也索要无门。没人接电话，没有地址，他的钱泡汤了。后来，他听说那个老板自杀了。

他先是震惊，然后不信，然后愤怒，然后恐慌，最后，是不可避免的绝望。

现在怎么办？

他从小听惯了邻居们各种心碎的故事，然而现实的残酷仍超出了他的心理准备。他知道他可以回家，父母总会欢迎他的，虽然他们肯定会说："我早跟你说过了。"多么让人难受的话啊。

可他不能回家。他得继续前行，他要重新振作起来。现在他一筹莫展，身无分文，很快，他就居无定所了。

接下来的15年，他备尝贫穷的滋味。有好几个月，他都流落街头，睡过的地方有教堂的长凳，达拉斯邮局的台阶，公共图书馆，火车站的椅子。

火车站最是伤心处。他从小就在铁路上做事，在那里长了筋骨，有了自信，还有狂野的白日梦，在那里学到了职业操守，还挣到了钱，让他启程去实现做一名作家的梦想，去给人们带来幸福欢乐。现在，铁轨简直在嘲笑他。当然它们一声不响，可它们什么都看在眼里。它们知道，他失败了。

困顿日久，他眼睁睁地看着自己的灵魂，曾经强如大理石，现在却慢慢地碎成一块一块，像是被漫不经心的雕塑者随手砍削。

他那么无助。

他离开街头，靠打零工存了一点点钱，然后搭便车来到了休斯敦。20世纪70年代末至80年代初，休斯敦是个欣欣向荣的城市。你早上找到一份工，要是发现不喜欢，甩手就走，下午就能再找份别的工。

怀揣作家梦的他如此生活着。他做过数不清的工作，有些实在不适合，他也会哭着去上班。在这期间，他同一位和他一样飘零的姑娘结婚了，他们一起艰难求生。他们轮流工作，有时候妻子出去上班，他在家写作。妻子后来酗酒，入院治疗，然后开始漫长的戒酒协会的小组疗愈过程。妻子不能开车，于是所谓的作家每次就开车接送妻子，他几乎参加了妻子的每次戒酒小组会。那段日子仿佛噩梦，然而他们挺过来了。

渐渐地，他开始发表作品。一部他写的戏剧在休斯敦上演。他一分钱没赚，但初尝成功的滋味。国家级的杂志上也开始发表他的文章，并在封面标注。稿酬很低，但他的自信渐渐建立。1984年，他出了第一本书。那本书算不了什么，但它是个里程碑。

他坚持追求自己的梦想，好运开始不断敲门。有人介绍他去为一位富有的商人代笔写书，报酬非常丰厚。然后互联网时代来临，他在网上写作。形势开始逆转。成功，一点一滴，开始进入他的生命。阳光终于灿烂。多年的积累，他名声逐渐大了，更多的书得以发表，并受邀参与了一部叫作《秘密》的电影，那是部改变了世界的电影。

为什么会这样？发生了什么？

在最绝望的时刻，我们的灵魂深陷泥潭，动弹不得。我们一步都动不了，一切都在黑暗中。悲哀的是，许多人在这深重的绝望下灰心丧气了。

那最终坚持下来的人们，是什么将他们拖出泥潭？他们是如何脱身的？那是蕴含在我们生命中的超能力。正是那股力量驱动了觉醒的百万富翁。也是同样的力量，让这个年轻人最终坚持下来，取得成功。

激情。目标。使命。

他的激情是成为作家。他的目标是让人们快乐。两者一起构成了具体的使命，最终将他拖出泥潭。他用了那么多年的时间，用那么多年的艰辛工作，全力奉献。

但他成功了。他成了作家。他让上百万的人快乐起来。尽管金钱并不是他的主要目标，他却赚了几百万。

当年在休斯敦，他妻子打碎了一瓶番茄酱，那本来是要做一顿周末特别晚餐的，他们那么穷，口袋里连再买瓶番茄酱的钱都没有。

然而现在他有几百万，高兴的话可以买个番茄酱海。可是尽管他有钱了，激情却始终如初。他的目标未变，使命依旧。

他想写作，想让人们快乐。他活出了觉醒的百万富翁的准则。

他想从激情中获利。

他想通过改变来获利。

他想通过帮助、服务、激励、转化他人而得利。

他成功了。

今天，他依然为使命而活。

这，就是我的故事。

我告诉大家自己的经历，原因很简单：我们都是同样的血肉之躯，我们都是人，你的经历和我是否相似并不重要。我从贫困和绝望的底层过来的，我曾经糟得不能再糟。我经历了灵魂的暗夜。现在，我就在这儿。

我的故事，只是许多觉醒的百万富翁中的一个。

对那些尚未发现自己的激情、目标、使命是什么的人，我要对你说，你能找到自己的觉醒之道，成为觉醒的百万富翁。

对那些满怀激情，目标明确，富有使命感，却不知道该如何执行的人，我要对你说，你能找到自己的觉醒之道，成为觉醒的百万富翁。

对那些试了又试，一次又一次努力却一次又一次失败，无法实现自己的激情和目标的人，我要对你说，你能找到自己的觉醒之道，成为觉醒的百万富翁。

对那些已经在财务上富裕，却缺乏激情、目标、使命的人，我要对你说，你能找到自己的觉醒之道，成为觉醒的百万富翁。

不管我们的状况如何不同，觉醒的百万富翁的准则、道路和视野是通用的。

如果我们都聚到一起，每个人都分享出自己的经历，我们会发现这些经历是那么杂乱，没有共同点。但不管我们的起点怎样，也不管我们遇到的挑战如何不同，不管我们有怎样的激情、憧憬，觉醒的百万富翁的道路是人人可行的道路。

因为它的本源是那么简单。觉醒的百万富翁的道路并不复杂，不过它的确必须具备四项支撑，它们是：

我们必须让激情醒来。

我们必须明确目标。

我们必须激活使命。

我们必须和金钱重塑大胆全新的关系。

第四章
真实的理解

我既不把金钱奉为神，也不将它斥为魔鬼。它是种能量形式，不管我们的本性是贪婪还是慈爱，金钱都会强化其表现。

—— 丹·米尔曼

我们对金钱的理解是一个幻觉。金钱的灵魂到底是什么？我们对此的推论完全站不住脚。就像将一片丛林当成假想敌，朝它拼命开火一样，这样做是没有结果的。

觉醒的百万富翁知道金钱是中性的，当它掌握在正确的人的手中，它会成为强有力的工具。在觉醒的百万富翁的手中，金钱是精神的工具。

可惜，让人遗憾的是，与金钱的战争是我们与生俱来的的权利。那种爱恨交织的疯狂理念深深根植于我们内心深处，简直像是我们的基因。

但这并不是先天的，而是后天习得的。我们从小接受的教育让我们和金钱建立了功能失调的关系。我们沉浸在对金钱野蛮暴力的态度中。通过周围每一个和我们观念相同的人，这些理念一天天地得到强化。

即使没有太多的钱，却能心平气和地懂得金钱，尊重金钱，这样的人我们几乎没有听说过。

很可悲，这种毒性关系已经成了人性机制的一部分了。

必须制止它，必须立刻就停止，应该在我们这一代停止。这样的毒性关系不会仅仅固化在某一代人心中，我们的后代也会继承。就像肉体虐待会从父母那里传给下一代，对金钱的态度同样也会遗传。只要有一个孩子说："不，我不会再这样"，这个无意识的遗传就会停止。

我们必须停止这一切。我们能做到。有人向我们证实，这是可能的。

那些人打破了这一恶性循环。

他们看到由此衍生出来的灾难，自动撤出了对金钱的战争。

他们设法转化了自己和金钱的关系。

他们是觉醒的百万富翁。

他们和其他人一样，降生在同样的世界，继承了同样的和金钱的关系。但他们掀开帷幕，发现了惊人的事实：金钱是中性的。

很难想象我们怎样才能放下对金钱的种种断见，认识到它是中性的。有一个办法是去了解人类在有货币之前是如何运作的，也让我们来看一看货币为何会产生。

直到公元前1500年，所谓的"金钱"都是牛、羊、猪等。"活的"金钱是贸易的材料。之后，腓尼基人发明了金属货币。为了让金钱更有价值，人们用了银、铜等金属，当然，还有金子。再晚些时候，到了1656年，约翰·帕姆斯特拉奇发明了纸币。纸币并未立刻流行，金属货币仍是主流。本杰明·富兰克林在纸币应用于商业的过程中起了重要的作用。正是在他的时代，货币被美国社会接受，成为常规使用品。

在货币出现之前，有两种经济形式：以物易物和赠予经济。

在以物易物的经济形式中，你有鞋子，我有兽皮，我需要鞋子，你需要兽皮，我们交换。这笔交易的价值你我清清楚楚，不需要在鞋子和兽皮上贴价目条。价值视各人的需求度而定，只要互相都需要对方的货物，交易就是公平的。

也有别的情况，你可能需要我的兽皮，可我不一定需要你的鞋子。但我仍接受了你的鞋子作为交换，因为我知道我很快就能拿那些鞋子换取我真正需要的东西。这是很简单的交易，个中缘由一清二楚。没什么是邪恶的，没有阴谋诡计。

赠予经济要复杂得多。

为了保证群体中的每一个人都受到照顾，会先提供服务和产品，不管当时是否能得到回报。这样的经济形式依靠的是强调给予的社会习俗和规范。

不过在赠予经济中，赠予的动机也颇值得研究。你很可能赠予，却一心想着日后的回报。其动机未必是为了整个群体的利益，而是促使另一个成员回报你。

另外，也存在必须向某一特定的血统、家族赠予的现象，比如向王族进贡。通过这样的方式，你的家族与其他家族保持互通……保持一个在未来互有往来的关系。

在赠予经济中也涉及到所有权。比如说土地，某一块土地可能属于某个家族，某个血统。他们拥有使用土地的权力，群体中的某一部分人经他们同意使用土地，但使用土地的权力仍在他们手中。

这很类似于我们现在的知识产权，比如书籍的版权。书本会卖给个人，但书的内容仍属于作者。

不难看出，赠予经济的情况很复杂，不好把握，也许和现在的资本主义一样复杂。会形成特权阶级，也会有弱势群体。有的人财产多，有的人贫穷。还有更重要的一点，债务也是个现实问题。

不过现在我们要看的是观念背后的东西。

如果我们现在是以物易物的经济，我们会不会去怪罪贸易的物品？比如鞋子和兽皮？是不是听上去就很荒唐？

我们会不会说："兽皮是万恶之源"？

如果我们在赠予经济下，我们会不会说："赠予是最大的破坏者"？

当然不会。那么，我们生活中的问题应该归罪于什么？或者怪谁？

也许根本和金钱无关。

最早载入史册的货币是安纳托利亚黑曜石，石器时代打造石器的原材料，早在公元前12000年就已出现。

人类使用货币已经那么久远了。

我们所知道的纸币出现于11世纪，中国的宋朝。做大宗贸易的商人和批发商不想带着沉重的铜币到处跑，于是开始使用纸币，代替笨重的铜币。

当初只是单纯地想解决一个问题，没想到造成之后如此深远的爱恨情仇。

金钱并不是万恶之源。它只是一个应运而生的解决办法，为了货物交易，为了解决"我欠你"的问题。你有我需要的东西，我有你需要的东西，我们来合作。我现在就给你提供服务，不过我需要东西来交换。

今天，我们和金钱之间的关系混乱复杂，是怎么演变到这一步的？这一切和金钱无关，和人有关。

只要人带着可疑的企图接近金钱，想利用它来进行掌控，我们和金钱的关系就开始晦暗不明了。

我有钱，你没有。

我付你钱，我占有你。

你欠我的。

我要你所拥有的。

我们必须注意到一个非常重要的真知灼见。

众所周知，在金钱出现之前很久，人类精神上和道德上的堕落就已经开始了。在纸币投入使用前的几千年，人类中就不乏贪求权力、掌控、奢侈的成员。

那是人性，是人类的缺陷、失衡。有心机的人用金钱为工具，实现他们不可告人的私欲。公元前12000年，货币第一次在历史上出现，到公元62年，那句著名的语录"对金钱的贪爱是万恶之源"

写在《圣经》里，期间漫长的岁月足以见证人类的可耻行为。

在觉醒的百万富翁的工具里，隐藏着秘密。

金钱是中性的。

一旦金钱不再统治我们，我们也不再统治金钱，一个崭新的篇章就开始了。机遇随之而来，许多不可能成为可能。

这是可以做到的。我们必须立刻就行动。

要做到这一点，我们必须重新认识金钱。

我们要深入地考察金钱的灵魂，认识到金钱是没有灵魂的。它没有拥有灵魂的能力。它只是个物体。我们赋予了它灵魂。我们的灵魂。

觉醒的百万富翁明白金钱可以用来做积极的事情。这个世界需要积极的能量。

这意味着我们需要内在的觉醒，认识到所谓的专横暴君其实只是工具，有德之人可以用它来实现自己激情的使命。

这是我们从此刻起，至死都应该铭记在心的。我们必须知道，摆在我们面前的金钱是可以由我们支配的最强大的力量，供我们行善。

第五章
自相矛盾的意愿

人们认为没有钱也一样幸福，这是种灵性的势利。

—— 阿尔伯特·凯马斯

与金钱的战争并不只是在我们的显意识中进行，许多时候，它都发生在潜意识和无意识的层次。

潜藏在我们内心深处的，是我们历来所习得的习性、视角、模式和从别处承袭而来的评判。它们成了挡在我们发展之路上的怪兽，它们是盲点、受限的观念以及自相矛盾的意愿。

在我们的显意识中，我们只想要一样东西：金钱。

在潜意识中，我们却认为：金钱是邪恶的，离它远点。

而潜意识更为强大直接，我们受控于它，因此潜意识会胜利。

头脑中会形成盲点，我们觉得人不可能既觉醒又有钱，我们根本连想都不会想有这种可能性。

甚至不会去想有可能和金钱建立新的关系，或者去想金钱的性质是否中性。

不相信在这个世界上我们可以从金钱的魔爪之下解脱。

就算我们在头脑中刻意开放，接受上述可能性，还是无济于事。因为我们的潜意识仍未改变，而潜意识必将胜利。

受限的观念会让我们不知不觉地坚信，自己缺乏勇气、意志和毅力来使得我们灵魂中的热情开花结果。

潜意识中，我们还会不自觉地不相信自己的生活中会有源源不断的金钱。

我们会因为一次又一次的失败，无法获得成功而产生挥之不去的负罪感。

我们根本不信这世界可以和激情、目标，使命共存，更不要说还可以用金钱做工具来帮助实现这些。

自相矛盾的意愿会让我们一直处于自我伤害式的消耗中，潜意识用拖延症、犹豫不决、自我限制来对付这些伤害。

为什么我们会阻止自己成功？会阻止富裕？

一个简单的原因可能是恐惧。害怕不可知，害怕新的责任，害怕成功，害怕失败，害怕丢脸。我们一直活在牢笼中，牢笼是那么安全，我们对它那么熟悉，而牢笼之外的一切都让我们害怕。

可能在我们的内心深处，还隐藏着黑暗之念：有朝一日我们有钱了，也要像那些如今用钱欺凌我们的人一样，好好操控他人，残酷地捉弄他们。

不管我们有些什么盲点、受限的观念，以及自相矛盾的意愿，我们都必须意识到，仅凭说一声："我要改变！"是不大会起效的。应该说，基本上无效。只要我们的潜意识讨厌改变，我们就会抗拒改变的愿望。

当我们发现自己正朝着一片浓雾不停地开枪的时候，我们应该拍拍自己的肩膀，告诉自己，放下枪，走出来，看一看正在进行的这场战争的真相。

我们得用新的办法来超越这些障碍。

潜意识中的障碍是有原因的，让我们从第一条原因开始，正好，它也是我们向金钱宣战的最大原因。

我们觉得自己是受害者。

我们觉得自己是外部力量的受害者。

我们是无法对抗的强权的受害者。

我们是无法控制的环境的受害者。

可是，这是真的吗？我们真的那么弱小无力吗？

当我们以受害者面目活着时，我们就不必去掌握自己的生命和命运了。

我们没办法转化和金钱的关系，因为我们是金钱的迫害之网下的受害者。

我们没办法从财务困境中逃离，因为我们是债务、账单、责任手中的受害者。

我们没办法成为觉醒的百万富翁，因为我们是艰难命运的受害者。

至少我们是这样告诉自己的。

只要当个受害者，我们就可以随时关门大吉，回家。

我们放弃了自己的力量。我们承认，我们只是玩偶，任由命运之绳牵动我们的手足。我们没有自由意志，因为我们是受害者，关在不由我们设计也非自愿进入的牢笼中。

多么有害、错误的想法。正如我们和金钱的关系，极其有害，四分五裂，必须改变。

受害者之歌是这样的："事情就是如此。"没有希望，没有改变和行动的余地。

人们一面这样说，一面耸耸肩，向现实屈服，现实是无法改变的。

除了说："事情就是如此"，还有更好的办法吗？

我脑中灵光一现，觉得有一句话更精确，更有力："事情是你接受的那样。"

换句话说，现实是你接受的那样。

有人问过我，是不是可以换成："事情是我决定的那样。"

也许可以换成"决定"，不过它不够准确。

我的两个朋友在一周内相继死去，其中一个的离世完全突如其来。

如果我能决定，我会决定他俩都活着。

我不能决定，但我能接受他俩的过世。

"我接受了那件事情。"

不要说："事情就是如此"，说："事情此刻是如此，但我可以改变它！"然后说出你想要什么，而不是你向什么屈服，然后去行动，让你新的意愿变成新的现实。

臣服是一种高级的灵性行为，你向你的最高领悟臣服；而当你向自己厌恶的周遭事物臣服时，这只不过是可怜的受害者思维。

我再说一遍：臣服是一种高级的灵性行为，你向你的最高领悟臣服；而当你向自己厌恶的周遭事物臣服时，这只不过是可怜的受害者思维。

我们许多人都用乍看上去很无辜的话来自欺欺人，比如"事情就是如此"，却不去深入看看这样的话背后到底意味着什么。

我不是说你应该否定现实，不面对事实，我是说仅仅接受现实，不再有任何审视，是可悲的。

我接受我所无法改变的，当我们这样说的时候，应该仍是清醒地活在这样的现实中，清醒地知道自己有接受的能力。

这有点像是著名的平静祈祷文：

> 主赐我恩典，让我坦然接受我所不能改变的，
> 让我有勇气去改变我能改变的，
> 并赐我分辨此二者的智慧。

许多人都以为这篇著名的祈祷文是为无名的酗酒者而作，可实际上它产生于政治上的正邪之战。

苏珊·奇弗写道："……也许让人觉得有点出乎意料的是，这篇祈祷文最初并非为对治成瘾症，而是针对二战期间威胁到文明本身的纳粹暴政。神学家雷因霍尔德·尼布尔于二战最黑暗的时期，写下了这一祈祷文，作为第一代德裔美国移民，他深刻表达出他和其他移民美国的同胞们在道德上痛苦的两难之境——虽免遭纳粹迫

害，却对希特勒的倒行逆施束手无策。"

"分辨此二者的智慧"是关键。我们太多人都毫不分辨就举手投降了。我们没有运用自己的智慧。

更好的一段话来自1695年的《鹅妈妈童谣》：

> 天下所有毛病
> 要么有药可治
> 要么无药可救
> 有药就去吃药
> 没药只好拉倒。

看了这些，至少你能感觉到自己是有选择的。如果你被逼上绝路，你可以选择是再战还是投降。不管是哪种情况，你都得选择你将接受的现实。

这些话语给你带来更多的力量；当然你可以用它们，也可以不用。创造你自己的现实完全取决于选择和觉知。我相信你会让正确的决定成为最优势的选择。

你是否会运用这些话语，取决于你所接受的——然而这一切都由你做主。"事情是你所接受的那样。"

我们为什么喜欢当受害者？我们为什么一意孤行地要套上所谓的枷锁，毫不反抗？

因为我们活得太舒服了，实在太舒服了。

没错，奋斗挣扎的人生不舒服，我们一点都不喜欢。从理论上说，我们想要进化，以超越这些奋斗。可是，我们又是弹性十足的生物，适应能力那么强。我们可能嘴上抱怨，但实际却能适应这种受害者的生活。我们知道自己的界限。我们把自己保护起来，不接触边界外的世界。

我们必须明白，探身出去接触任何新的东西都会不舒服，因为新的东西就是不舒服的。

只要你踏出了你的舒适区，你就不舒服了。这显而易见，对吗？但感觉不舒服并不意味着你应该止步不前。不舒服的感觉只是表示你离开了已知范围，进入未知。你跨越了让你舒适的已知和未知的界限，进入无穷的力量、财富、幸福之地。

要进入那里的唯一办法是让自己不舒服。不舒服又不是性命攸关的威胁，不过是跨出你的暖巢。仅此而已，没什么好怕的。实际上，感觉不舒服应该是，也可以是，你在进步的标志。

当然，还有另一个解释：我们躲着不负责任。对于这个，对治的方法直截了当：去负责。

我们在显意识层面所做的决定，几乎不可能明显改变潜意识和无意识层面。显意识的作为基本上不能触及我们心灵的大部分领域。我们需要的是潜意识上的重组，比如催眠，去除潜意识的障碍。或者通过深度头脑清洁练习去一点点排除障碍。

可是，简单地负责会带来强大的疗愈效果。

当我们承担责任……当我们静静地站立在生命中，默默地、谦卑地承担起责任，为我们所有的事情负责，这样的决定会渗透我们的生命、灵魂、一切。这是因为，承担责任就是重拾自控。它表明我们知道即使外部的力量击垮了我们，我们仍然不必从精神上到情绪上都痛不欲生。我们可以选择。

下面又是一个真实的故事。从四岁开始，这个人就开始弹钢琴。他是个天才，但左手的能力永远无法和右手一样好。他的右手要快两倍，灵巧两倍，敏感两倍。他进入新学院（The New School）学习爵士乐，毕业的时候他对音乐和即兴创作有了全新的领会。

几年后，他24岁，有一次和父母在纽约吃饭，他向他们说起长久以来一直没提及的困难，他左手有问题，特别是在弹钢琴的时候。

他父母跟他说，他出生时有轻微脑瘫，致使他整个身体的左半边都弱于右边。

这是件大事啊，为什么他们不一早就告诉他？父母不想让他觉得自己有残疾，哪怕是一点点缺陷。而他一生都在努力提高左手的钢琴技艺，还发现了许多种弥补的手段。

现在，他把这当成天赋。他的左手永远不如右手，没有右手的优雅，精细的触觉和仿佛会呼吸的动作。可是右手永远没有左手那闪耀的个性，他的左手不会可爱地招摇，不会笨拙地挥动。

实际上也没人有他那样的左手，自然弹不出那样的韵味。他把这看成天赋，而不是残疾。他的名字是米奇·凡·杜森，我的一个朋友，充满了创意，帮助我完成使命，让人们成长为觉醒的百万富翁。

还有人天生的残疾比他严重得多，却同样选择和其他人一样活出生命的全部光彩。称他们为奇迹是不恭的，因为那样太高估了他们身心的残疾，却忽视了他们用不可思议的意志，击败了残疾障碍的事实。

另一个人，五岁不到就遭遇了一场意外，丧失了80%的听力。他在成长的过程中遭到其他孩子的奚落，甚至成年人也觉得他迟钝弱智，他最终却名利双收。他成为电影明星、活力四射的运动员、公众演说家。他叫卢·费里诺，对我们而言，他就是绿巨人浩克。

我们许多人的先天条件比他们好得多，然而他们却没有像我们那样，松松垮垮地掉进受害者思维中。

也许你也有明显的身心方面的缺陷，但这不一定会阻碍你，甚至都不会对你不利。它可以成为优势，被欣赏、尊敬，甚至可爱。

还有的人，带着所有你能够想得到的优点降生人世的人，健康、美丽、有钱。他们却觉得被这些完美条件困住了。他们害怕父母认为自己没有责任心，觉得自己一定要满足父母的期望，他们接过家族生意的同时也一样错失了自己的潜能，然后不断抱怨他人。

让我们承担责任。
让我们将受害者情结沉没在信心的激流中。
让我们永记任何抱怨、合理化都不过是借口。
让我们永远不要屈服于这样荒谬的念头：我们没有力量。

我们拥有全部该有的力量。我们有力量承担责任，我们有力量拒绝受害者情结，尽管我们一直以来受到的教育就是接受自己是个受害者。

我们不是金钱的受害者；我们是指挥者，带着金钱，实现精神追求。

我们不是债务和账单的受害者；我们是服务的对象，是买方，我们有机会让生活丰富多彩。

我们不是当下的受害者；我们有力量克服任何厄运、挑战和障碍，即便需要时间和毅力。

我们不是受害者；我们是自己人生故事的书写者。

我们是有灵魂的金钱的赢家。

我们即将成为觉醒的百万富翁。

第六章
公式

为大地给予的物产，我们付出代价，

为有个角落咽气，乞丐也得交税，

为听取我们忏悔，牧师收取费用费，

为能入土为安，我们讨价还价；

魔鬼的铺子里倒是啥都有卖，

一分价钱，一分货物；

过日子的琐碎，样样都得掏钱。

累死累活，买来空花泡影。

只有天堂予取予求，

只有我主随叫随应，

浓荫的夏日不用一钱买，

最穷的人儿也拥有六月。

——詹姆斯·拉塞尔·洛威尔，《朗方爵士冥思曲》

当我们彻底甩掉纠缠已久的受害者情结后，我们会怎样？

我们觉得充满了力量。

我们能感觉到深刻的转变，以前软弱无助，现在双脚站得稳稳的。

我们曾抛洒自己的力量，任由自己受种种奴役，现在我们重新掌握自己的命运。

说到底，承认自己一直以受害者身份活着是件不好受的事。没有人愿意睁开眼睛诚实地看到是自己放弃了自己。最终，我们认识到受害者思维是如何渗透到我们生活的方方面面，这让人非常非常难受。

不过，一旦我们愿意承担责任，这种难受的感觉就减弱了，我们看到了新的可能性。

现在，我们有可能找到我们的使命，认识它，实现它。

我们触摸到了激情、目标和使命。去弄明白它们，这非常重要。

激情是对事物深刻的爱，是热切的渴望。

目标是目的，终点，（有时候目标是我们活着的理由，不过并非一定如此。）

使命是深刻的目标加上激情。它是召唤。

是我们的事业。我们该做的事情。

激情 ＋ 目标 ＝ 使命

使命这个词，听上去有点吓人。当说到使命这个概念时，我们会想到什么？在电影里，使命是从坏蛋手里拯救地球。现实生活中，提到使命的时候我们也许会想到宏大的行为，比如在遭受飓风灾害的地区重建家园，送人们去火星，找到治愈癌症的方法，等等。

大事情。丰功伟业。让人心生敬畏的事。

我们必须明白，这种宏图伟业般的使命是由成千上万，也许上百万的人共同完成的，而其中每一个人的个体使命要小得多，也具体得多。没有任何一个个人能治愈癌症。只有在无数的研究发明、不断试错的基础上，我们才有可能治愈癌症，全世界各地都有人在为此工作。

最终，某一个团队发明了治愈的方法，然而荣誉并不仅仅归于他们，人类会感谢所有为这一重大目标的达成而辛勤工作的人们。

实际上从个体角度而言，使命也许是非常简单的，它由激情所激发。

激情

激情在我们每个人的内心，觉醒的百万富翁从这里诞生。

激情很容易明白。它是我们热爱的东西。我们喜欢做某件事，喜欢钻研它，思考它。我们愿意谈论它。

聚会的时候，如果有人聊到了我们激情所在的话题，我们会觉得自己终于找到一个可以真正说话的人了。我们通过共同的激情和他人紧密相连。有时，我们最好的朋友，生命中有意义的人，都是在这样的情形下结识的。

激情让我们快乐。

激情让我们昂扬。

激情可以是修车、做美食、修理电子产品、制陶、打高尔夫、抚触疗愈、水管工、开出租车、走遍全世界品尝啤酒、猫、狗、蜥蜴、粉色火烈鸟、装饰草坪、爱尔兰城堡、英国花园、跳飞机、开飞机、遥控飞机、飞车、大力士训练、马拉松、剪贴簿、书籍、应用程序、做饭、变魔术、冥想……

什么都可以，任何事都行。激情无关乎评判，任何激情，只要有创意，都可以带来利益。

我们的激情不应该受到鄙视。那是我们的激情，是专属我们自己的。它们来自于我们的内在，理由只有我们自己知道。

我们必须拥抱激情。我们应该骄傲地宣告自己的激情，应该把印有宣传词的T恤衫穿在身上！

激情让觉醒的百万富翁在通向使命的路上，每一步都充满欢乐、振奋和热情。如果没有激情，就没有使命，没有踏上使命的征程。没有一个目标是缺乏激情的。

目标

每一种激情都会揭示出问题。因为我们热爱某样东西，我们就会对它从里到外了解透。这就无可避免地会因为激情引发下列情况：

信息不够全。找不到关于X的书。应该有一个关于X的专门网站。在X下面不能有个关于Y的链接吗？我一直想要X。我找不到任何关于X的资料。

总会发现瑕疵，缺点。总是可以改进，可以更好。不是嫌太慢了，就是太快了。不是觉得太难，就是太容易。要么就是太滞后了。X很久没更新了。X该升级了。

目标往往是从这些问题中产生的。每一个问题都有个解决办法，都始于一个简单的问句："如果……会怎样？"

"如果……会怎样？"如果问得得当，就是个有威力的问题。许多人都把它用在脑海中出现负面情形时：如果我失败了，会怎样？如果我的想法弄砸了，会怎样？如果我做不到，会怎样？如果我是个例外，会怎样？

明迪·奥德林写了《如果一切都对了，会怎样？》一书，将上面这些问题称作"如果糟糕，会怎么样"问题。你应该问的是"如果很好，会怎么样"：如果我成功了，会怎么样？如果我的想法很棒，会怎么样？如果我迈出这一步会改变我整个沉闷的人生，会怎么样？

"如果……会怎样"可以用来找到解决问题的办法。《并非不可能》一书的作者米克·艾伯林按时间顺序将他人生中灵感迸发想出解决办法的故事记录下来，说每当毫无办法的时候，他会对自己说："一定会有办法的。"他以用3D打印机制造义肢闻名，帮助了许多因战争而失去双手的人们。

米奇·凡·杜森和我碰面，讨论如何阐述关于觉醒的主题，我们用"如果……会怎样"不断激励自己，创造了活泼的使命。我们不止写了书，提供了网络产品，整个事情成了一场运动，充满活力、激情、鼓舞人心的运动。

全是因为我们问了"如果……会怎样"，以及另一个相似的问题："怎样会更好？"

每一个这样的"如果……会怎样"都代表着一个来自于激情的

目标。每一个都进入了现实。每一个这样的问题，不管是琐碎平凡，还是高大宏伟，都会永远改变世界，都会造福于后代。使命就是如此诞生的。

使命是通过一个目标，将积极的变化带给人世，一个激情燃烧的目标。

觉醒的百万富翁都有激情燃烧的使命。

你的使命独一无二。也许是成为你孩子的最好的母亲，城市里最好的水管工，做一个能改变人们的生活的生意，推销一项净水新发明，将太阳能转化为自动燃料，任何事情。它仅属于你。

你的使命由你的激情滋养。只要是你热爱的，你喜欢的，都能转化为使命。读了这些文字，请静心沉思你的人生，你会清楚的。

请继续。

第七章
镜子

缺钱是万恶之源。

——萧伯纳

激情、目标、使命，是觉醒的百万富翁的三大神力。

大多数人都不知道自己隐藏着多么深的激情，更不知道我们能用激情来做些什么。

激情是一种创造性力量。它有无数种呈现的可能性。它是觉醒的百万富翁所做的每个行为背后的力量，它提供了方向、焦点、目标，并且最终为我们带来使命，知道我们将为这个世界创造什么，带来何等影响。

去问任何一位身负使命的人，当他们要实现自己的愿景时，最需要的东西是什么，所有人都会给你一样的回答。

一位女士，准备开始写短篇小说集。

一名男子，准备找机会买房。

一名女子，准备在阿富汗建立女子学校。

一名男子，准备培养一种稀有的兰花。

要着手实现他们各自的使命，他们都需要的东西是什么？

他们需要钱。他们需要钱去得到他们所需要的东西。他们要钱去买设备，要钱去租办公室，买用品，做促销，建场所，雇人……就像建筑商需要砖头建房，他们也需要金钱让使命成真。没有钱他们什么都做不成，而且他们首先需要钱才能活着。

实际上，他们需要的是创意，不是金钱。他们只是以为自己需要钱。而且许多人的想法都是如此，我们不妨来仔细看看。

开始一项使命，意味着你将付出你的时间、精力，付出整个自己。不少人在开始一项使命的时候，都同时有一份白天的工作，或者从事其他和使命无关的工作来挣钱，不过这样的方式很艰难。

许多人都会内心挣扎，认为当我们做自己喜欢的事情时，不配得到报酬。这是谬论。植入你内心的又一个错误。

做我们喜欢的事情，当然值得有报酬。我们为世界带来了积极的东西，值得为此得到报酬。再说，你们有账单要付，我也一样。你理所当然地因你的工作挣钱，为你的需要付钱。我也一样因我的工作挣钱，为我的需要付钱。这是能量的公平交换，彼此尊重，付给对方钱——而且比用山羊和鞋子来贸易方便得多。

你会注意到这里有很多思维混乱的地方。一方面，当你努力奋斗的时候，你只想到了对金钱的欲望。可是等你最终有钱了的时候，你又开始担心别人怎么看你，你是不是有太多钱了，是不是堕落了。

没几个人认识到这里头的纠结：没钱的时候，他们追求金钱，因为想要钱；有钱了以后，又对金钱清高，因为金钱让人觉得邪恶。难怪那么多中彩票的都昙花一现后破产。他们潜意识中对金钱消极的态度最终胜利了。

作为觉醒的百万富翁，我们的想法不一样。

同样看见这些现象，我们洞察了金钱的真实性质。它不过是面镜子。它映射出你的观念。金钱本身没有意义——是我们把意义投射其上。

如果我们能改变我们和金钱的关系，转变我们对金钱的理解，看到金钱真实的性质，消除我们对金钱的恐惧和生硬心理……突然，我们就能拾起金钱，大大方方将它持在手中，明白一个简单的事实：金钱是中性的……直到我们赋予它意义。

金钱是一个容器，可以用来引导、提升，并让我们的使命开花结果，但我们一定要深入进去。在我们显意识的心智中重构金钱概念是不够的，让我们释放金钱的灵性力量，试想一下那个可能性，我们能品尝到兴奋的滋味。我们可以想象以我们的方式来填充这个空空的容器，会有那么多的可能。当我们不断提升，直至觉醒，我们可以拥抱整个崭新的和金钱的关系，而这仅仅是开始。

第八章
使命

既不要高估金钱，也不要贬低它；
它是个好仆人，却是个坏主人。

——**小仲马**，《茶花女》，1852 年

沃尔特·迪士尼曾经说："我希望我拍的电影能赚钱，这样我就可以拍更多的电影。"

这是多么纯净的话语。这就是使命。他灵魂中的使命。钱是第二位的，是达到目的的手段。金钱和他的使命间的关系是相互依存，相互促进。一个催化了另一个。

迪士尼热爱卡通。他知道如果卡通让他开心，也一定会给其他观看的人带来欢乐。他想让人们快乐。如果我们把觉醒的百万富翁的公式用在迪士尼身上，应该会像下面这个样子：

激情：创造卡通让人们欢乐。
目标：为公众生产卡通片。
使命：通过生产动人的卡通片为公众带来欢乐。

沃尔特·迪士尼是由激情启动的完美典范。很明显，他的激情

是为他人带来快乐，当我们热爱某样事物到极致的程度，我们不会
只自己一个人享受。关起门来独享简直是罪恶。我们想跟全世界分
享。即使我们怕跟世界打交道，我们灵魂深处的光芒也会不由自主
地闪耀于外。

1955年7月17日，迪斯尼乐园盛大开幕，在开幕式上，迪斯尼
致辞道：欢迎各位光临这片乐园。迪斯尼乐园是你的乐园。年长者
会重拾昔日奇趣的回忆……年轻人则会在这里体会到未来的挑战和
憧憬。所有的理想、梦想以及脚踏实地的苦干成就了美国，迪斯尼
乐园是这一切的献礼……希望这里成为全世界欢乐和激情的源泉。

这是使命宣言。迪士尼的宣言如明朗的天空，清清楚楚。

他的成功，他的永不停息的动力并非源于金钱，也不是追求成
功本身，而是由于另一样清楚明白的东西——他的激情。激情带来
了愿景，带着他前行，在他的非凡路程中指导他跨出每一步。他想
要有所作为，他做到了。

不管在他于1966年过世后，他的后继事业如何发展，迪士尼的
影响仍在漫长岁月中激荡。

我们必须热爱自己所做的事情。出于热爱所做的，就不再是工
作了。那是付诸行动的激情。是欢乐。那是觉醒的百万富翁的现实。
觉醒的百万富翁热爱他们所做的事情，那可以改变世界。

第九章
被遗忘的潘尼

我决心不再积聚财富，而是智慧地分配财富，
这是严肃得多、也困难得多的任务。

——安德鲁·卡耐基

1902年。怀俄明州一座仅有3000人口的小镇。绝大多数居民都是矿工。他们挣钱少得可怜，花钱的地方则多到羞于启齿。

这座小镇有22家酒吧，可以赊账，赚了不少矿工们辛辛苦苦挣的钱。在生意人的眼中，这个小镇没什么商机。可是，尽管这个小镇是一副烂牌，仍有那么一个富有激情的生意人看好此地。

笃信宗教的潘尼先生是一位浸信会牧师的儿子，从小父亲就教育他要依靠自己。在他只有八岁的时候，父亲就告诉他，想要任何东西，得自己挣钱去买。自力更生的理念在他幼小的时候就深入骨髓。早期的严格教育和从小培养的依靠自己的信念，让他对他人的需求非常敏感。

成年后，他生活拮据，要养活老婆孩子。但他却心怀使命，他想开一家卖打折服装的店，这样镇上的居民就能买到价廉物美的衣服了。没人相信他这主意能行。其他的老板、银行家，以及他自己的家人都觉得他是不是脑子不正常。看起来他成功的希望渺小到几乎是零。

但这是他的激情。他自力更生的意志力让他坚持不懈，无论结果是好是坏。

他的名字是杰西潘尼，他的店名呢？叫作"黄金法则"：你想他人如何对你，就怎样对待他人。这是他整个商业模式的哲学基础。

他的第一家店开在远离主要商业区的地方，只有一间简陋的房子，挤在一家洗衣店和一间寄宿宿舍之间。他和家人住在店上面的阁楼里。店里的货架是用包装箱拆下来的木条钉的。

和镇上的酒吧及大多数其他生意不同，潘尼先生恪守道德，拒绝赊账。所有人都认为他肯定会亏惨了。谁知第一天的营业额就到了466.59美元。第一年总营业额为28,898.11美元。

对他来说，黄金法则不是一个简单的营销策略。这是他的信仰：与他人分享。那是他的商业操守。他坚持为顾客提供尽可能低价的优质产品。他爱人们，有宗教信仰，将在他店里工作的人当成伙伴，而不是雇员。

这样的策略和理念很有效。人们喜欢他的店。1912年底，"黄金法则"共有34家店面，销售额超过200万美元。

1913年，各连锁店根据犹他州法律合并为杰西潘尼公司。潘尼本人反对这个新公司的名字，因为这给人感觉公司是他一个人的，他不喜欢。更重要的是，这样的名字体现不出他当初的激情，正是这激情带来了成功。

最终，他的合伙人们投票通过了这个名字。不过，不管是潘尼公司还是潘尼个人都仍然贯彻为人们服务的精神。

1913年，他的公司宗旨是：

本公司竭诚为顾客服务，达到百分百满意。

1、 公司为顾客提供最优价格的服务，不设利益最大化。

2、 尽我们的努力让顾客的每一分钱都物有所值。

3、 不断培训本公司成员及相关人员，提供更有水平的服务。

4、 不断强化人性因素。

5、 以参与公司生产来奖励男女职员。

6、 公司每个政策、策略和行为都应进行审视：是否合乎道义？

潘尼一直反对允许客户赊账，直到最后其他合伙人投票通过。潘尼不想因赚钱而牺牲客户的福祉。

最终，潘尼起初看上去糟得不能再糟的生意经为他个人带来了4000万的财富——虽然他的经营模式并不以逐利为目的。

他的一生都致力于帮助他人，且不局限于店内。

1923年，潘尼在北佛罗里达州建立占地12万英亩的农业实验社区，命名为"潘尼农庄"。其中的2万英亩被分割成小块，供一些勤劳、正直但贫穷的农民居住、耕种，直到他们有足够的钱开始新的生活。

1954年，潘尼建立了第二个慈善基金会——詹姆斯·C.潘尼基金会，一直到今天该基金会仍在运作。这个家族基金会为诸如社区重建、环保、世界和平等组织提供支持。

　　觉醒的百万富翁不仅只有使命。他们想让一路上遇到的每一个人都受益——从他们服务的对象，到他们的员工。

　　金钱并非仅仅流到觉醒的百万富翁那里，它是流经那里，又回到社会。这是灵魂与金钱互相促进的关系中非常重要的一部分，两者都因此得到更多的发展。

　　潘尼曾经说过："给我一个有上进心的店员，我能让他创造历史。给我一个没有上进心的人，我只能培养出一个店员。"

　　杰西潘尼从任何一方面说都是一位觉醒的百万富翁。他有坚定的信念，热忱地投身于事业，专注地致力于一个单纯的目标。不为营利，不为他的一己私利，不为投资人的要求，而是为他服务对象的利益。那是他的使命。

第十章
伸展！

如果你寄希望于通过有钱来获得独立，那你永远别想独立。

这个世界上人能拥有的真正的安全感来自知识、阅历和能力。

——亨利·福特

成长！

这是觉醒的百万富翁得自内心的指令。

对觉醒的百万富翁来说，成长如同呼吸，须臾不停。只有呼吸才能活着，只有成长才能茁壮。

如果没有成长，觉醒的百万富翁所能做的一切将不再能持续地起作用。

因为这不仅仅关乎个人的成长，而是关乎整个不断变化的世界。自然的本质是从不停滞。

如果我们不能够成长以适应这个世界，世界就会将我们抛在后面。我们会呆站在原地，想不通曾经的奇迹去哪儿了？曾经造成的影响消失于何处？

我们必须成长，一直成长，永不停息。

对觉醒的百万富翁而言，成长激动人心。成长本身就是召唤。它是典礼，通向一切。它是觉醒的百万富翁的灵魂，不断伸展的灵魂。

当我们回顾自身，看到现在的自己和过去发生了多么大的不同，感到难以形容的充实，想想我们一天前是什么样子，一周前，一月前，一年前……十年前。觉醒的百万富翁飞速成长着，因此几乎时时刻刻都能看到自身的变化。

这就是成为一个觉醒的百万富翁额外的好处。觉醒的百万富翁每日生活的基本公式是：

灵魂 + 金钱 = 更多的灵魂 + 更多的金钱

它体现出纯粹的、全然的成长，成长是这一公式自带的因素。

如果我们做一切事情都源自纯粹的激情、目标和使命，我们会希望所做的每一件事情都能兴旺发达，想要将我们的才能传播出去，有更大的影响。

我们想让事情进一步发展。我们想把自己的领会告诉给更多的人。我们想用自己的爱和激情转化身边的每个人。我们想变得更好，做得更好，而不是毫无变化。我们想成长。那是我们发挥影响力的方式。

当然这一切不会自动发生，但潜力一直都在，时刻准备着。

要激发潜力，让它爆发，我们必须滋养灵魂，让使命壮大。就像照料一株植物一样，我们要向周围的土地施肥。如果使命以激情为燃料，我们就必须滋养自己。

我们自身要成长，我们的灵魂、激情都要成长。我们要寻找新的体验，让自己前行。我们去上各种课程，教育自己。我们找出时间思考。

找出时间休息、冥想、运动、实践、休闲、聆听。

我们需要有时间磨炼自己，去更新、升级、成长、伸展、学习、发展，以及所有更多的该做的。这是不断发展，没有人知道极限在哪里。通向更好的人生的道路是坚持以及热忱地学习，它会带来精力、快乐、爱和热情。

当我们的灵魂得以滋养，成长就自然而然发生，像奇迹一样。只要我们滋养灵魂，一切都有可能发生。不仅仅是我们的个人生活会改变，我们的使命也一样得以发展变化。这两者本来就是直接相关的。

是什么样的成长呢？

进步

我们一辈子都需要进步。

完美是什么？人说存在完美的圆，可实际上真正由人画出来的圆都不是完美的。完美的圆只存在于我们头脑的概念中。

完美与否不是我们该操心的事。可是我们的确可以，也应该去不断进步。

我们听说过出现于1930年的最早期的电子计算机。它们占地为一整间房间，只能做最基本的运算。今天，我们随身携带计算机，对它们说话，用它们摄影。有时候我们恨不能把电话扔到窗外，不过我们知道，离了它们，我们的生活寸步难行。这都要感谢科技的进步。当然，智能手机的升级换代没完没了，进步还在继续。

对未启蒙的人来说，这样没完没了的变化让人害怕。这样的成长有如永不停止的战斗，像是噩梦中的情景。

对觉醒的百万富翁而言，我们对那样的想法感到好笑。因为对我们来说，成长滋养了我们的灵魂，让我们充实，给予我们欢乐和意义。

哪怕有的时候，自我成长让我们感到不适，或者暴露出内在的挑战，让我们困惑……我们拥抱那样的不适。我们拥抱困惑。我们知道每一分伸展和每一份辛勤耕耘都是值得的。

我们热爱成长的过程。

因为它有趣。

因为它激动人心。

因为它充实。

因为它带来力量。因为我们想要不同。

彻底改变

所有成长的形式中，彻底改变是最艰难的。它最具有挑战性，因为它触及了我们心智、情感和灵魂深处的部分。

看上去这是个不可能完成的任务。我们的习惯模式已经形成，就算没有几十年，也有好多年了，本能反应会自动跳出。那是潜意识的威力。

但在这一点上正是我们应该拿出毅力的时候。每当旧习惯垂死挣扎的时候，我们坚决不能退让。

我们必须坚持到底。会有回报的。

当着手彻底改变的时候，我们可以利用一些特殊的方式，比如道家哲学中的功夫：太极拳。太极拳中有一招叫作推手。

两个人面对面站好，双足稳稳地站定，两人的手指尖轻轻相触。他们的任务很简单：将对方推得失去平衡，自己上前一步。

但出乎我们意料的是，要达到目的，靠的不是推。

不是用蛮力。

秘密在于道家文化中常见的阴阳之道。当对手用力推上来，我们不是同样用力顶上去。恰恰相反，我们空掉自己。你的对手预备着你对抗，你却以空相应，他们自己的力量让自己跌倒。

这是全然的转化，毫不费力的胜利。

当我们彻底改变自己的时候，并不是和自己作战。我们不用蛮力，我们清晰立场，站稳脚跟，就像狂风中的树木，根须穿出脚掌，深深地扎入地下，我们立得稳稳地，而身体的其余部分则顺应周遭的力量，并不抗拒，自然随顺。

要做到这样，需要发达的思维能力和成熟的灵性。每当你感到烦恼的时候，就是你陷入无意识的时候，这是经验法则。这表明你的某个隐藏观念被刺激了，你的情绪自动反应。所有的争执、战争、离婚，诸如此类的一切，都是如此开始。

作为觉醒的百万富翁，我们应该对自己的念头和行为保持高度敏感。如果某人说的话激怒了我们，我们应该立刻停下来，看看到底为什么会这样。原因无关乎那个人，甚至也无关乎他说的话，而是无意识的反应机制。

典型的反应机制是以牙还牙：你打我？我揍死你！

觉醒的百万富翁是不会这样的。我们虚怀若谷，随风起伏。当我们空掉自身，就没有任何力量可以将我们击倒，因为我们无处受力。空掉你自身，你就能转化。

发现自我

第三种成长的形式是发现自我，这是最有意思的一种。我们看着自己，问自己有什么样的可能性。我们会成为什么样的觉醒的百万富翁？

没有任何一个觉醒的百万富翁会和另一个一模一样，但是，其中确实有很多共同点。在共同的发现自我的过程中，我们都成长为独一无二的强大的人。

想想我们原生的样子。想想我们拥有多少潜在的能量。想想我们有可能变成什么样。

当我们这样做的时候，我们就初尝隐于深处的潜力被激活的滋味。我们开始体会到那种力量的感觉。我们以更强大的自我的眼光去看待世界，那感觉太好了。

这只是自我发现的动机之一。真正力量的来源只有两个字：好奇。对明天好奇，对如何解决问题好奇，对如何从激情中赚钱好奇，对创造、发现、发明新的存在方式、认识方式和服务方式好奇。

一个人要去机场，却打不到车，他好奇除了苦等下一辆出租车，还有没有更好的服务方式。他的好奇导致了广受欢迎的 Uber 的产生。如果你想要搭车，点一下 Uber 应用，你附近的司机就会在几分钟内到你身边。

2009 年，一个司机锁了车，却找不到车钥匙。他没有怨天怨地，而是将偶然的失物事件变成了使命。他发明了 TrackR，将这个设备安装在你的车钥匙上（或是你的猫身上，或者任何你不想弄丢的东西上面），你就能通过手机上下载的应用程序随时追踪。

每一位觉醒的百万富翁背后的驱动力都是想要影响世界的欲望。想要让这个世界更好，改变世界，疗愈世界，提升世界，进化世界。

而且我们也能够做到。但能做到几分？我们能将自己能力发挥多少？能在多大程度上将其转化为可见可感的影响？

这都取决于我们自身能变成什么样子。取决于我们是否愿意不断地发现自我。我们越了解自己，了解自己的能力，就越能产生影响。我深知，对于觉醒的百万富翁来说，仅仅能够带来积极影响这一想法本身就足够了，足以使他们全情投入。

如果我们不开拓自己的视野，如何能够成长？

如果我们不持续不断地教育自己，如何能够有新的观念？

如果我们缺乏永不满足的探索欲，如何能够发现这个世界上的新领域？

要是没有觉醒的百万富翁的坚持不懈的自我成长，我们太容易被误导，迷失方向，并且轻而易举地腐化堕落。

在金钱的诱惑面前，我们太容易屈服了。我们会接受一份自己不喜欢的工作，会在法律或道德的边界玩火，不顾一切地贪求金钱会让人做出后悔不已的事情。

有人接了一份工作，和一位很有鼓动力的演说家合作写书。这个人并不信任这位演说家，也不相信即将写下的这本书的内容，但为了钱，他还是接受了这份工作。虽然他的直觉告诉他不应该这样，他却没有在意。不到几个星期，这个人就失望透顶，和演说家争执了一场，分道扬镳。他退还了所有的钱。如果他听从自己的内心，就绝不会接受这份和他的使命相悖的工作。

无论在我们的个人生活中，还是在工作上、在家里、在关系中、在和亲人相处时……任何情形下，我们都必须开放、积极、聆听。如果我们能这样，好事就会降临。成长自会发生。

但这一切必须出于真挚，而不是恐惧。

我们必须成长，伸展，进化。

第十一章
内在的秘密联盟

金钱是人类最伟大的发明。金钱一视同仁。

金钱不挑剔人是否贫穷，是否有显赫家世，肤色如何。

谁都可以挣钱。

——堀江贵文

直觉是我们的秘密武器。

大多数人相信，仅凭理性和思辨就可以前行，然而觉醒的百万富翁在向着目标挺进的过程中，却一路有直觉相伴随。

我们不相信有一条现成的固定的路线。我们知道通向成功的路需要时时刻刻去开拓，是灵感迸发之下随时随地择优而行的产物。我们能看到的是我们奋力攀登的顶峰。

我们看得到激情的成果。还有我们即将带来的影响，有如亲眼目睹。

我们不是闭着眼睛乱闯，但也不是死板地跟着所谓的地图。照着说明书打造我们的王国，不管是自己写的还是他人定的手册，都是不可取的。所谓的正当的路是没有灵魂的路。唯一的路是没有精神的路。计划好的路是没有冒险的路。

冒险并不仅仅具有快感。它更是直觉在起舞，是精彩纷呈的灵感的即兴表演。

不断面对选择，是否会让我们筋疲力尽？每逢歧路，是否必须停下，算计清楚轻重利弊才能重新出发？

不。觉醒的百万富翁心中自有指引的明灯。因为觉醒的百万富翁始于激情，那激情正是照耀我们的灯塔。如果外部世界晦暗不明，这灯塔带给我们一切需要的答案。

内心有这样稳定的中心，觉醒的百万富翁是速度之王。灵魂热爱速度，金钱热爱速度。

说顺流而下是太含蓄了。那分明是踏浪而行的弄潮。浪涛永不止息。我们踏着即兴起舞的直觉之浪，极速前行。

虽然考量和思辨自有其重要的作用，但是当我们真正举棋不定的时候，起作用的并非思考。思考只在事情进展的过程中起用。当我们面临歧路，需要做决断的时刻，直觉会在显意识中衡量各个选择，在潜意识中明白各种选择的含义，最终在超越意识的层面做出决断。

看着一堆可选的想法，其中的一个会与众不同。那就是直觉在引导我们。静静地坐在此刻，让我们的心自由，某个想法会浮现，这是直觉在帮助我们。怀着激情去看世界，办法和机遇会自己在眼前展现，这是激情在鼓舞我们。

比起我们显意识思考的心智，直觉是视野更广阔的内在的决策者。我们显意识的心智只会拖后腿。我们生活的世界更推崇牢靠的显意识思维，让我们觉得刚才的这些话都不理性，甚至否定了我们的基本智性。

不过重思考、推崇显意识的心智，是西方文化中的现象，出现时间较晚。放眼更大的世界范围，无论新旧传统中，直觉都是更能引导我们前进的主角。那么多崇拜智力的人都未意识到，智力并不永远正确。智力的基础是有限的、手头上的知识。任何一个决定或欲望都会引发许多可能性，智力无法对此明察秋毫。

有些踏上激情之路的人觉得，自己的直觉不强，这种感觉是错的。从要做决定的那一刹那起，我们的直觉就生气勃勃，非常活跃。我们要做的不过是聆听。这就是为什么我们应该给自己时间，去放松、冥思、思考、丰富，这样我们就听得到灵魂的声音。

这不是说我们不要思考，不权衡利弊。从更综合的角度讲，直觉是全方位的决策力。直觉会巨细无遗地检视我们自己，不会放过内在的一丝一缕，对于外部的环境，则只要我们醒着，直觉就会像无形的天线一样不断扫描。直觉有如管理部门，决定觉醒的百万富翁该何去何从。而直觉所做的决定，都以即兴的方式体现。

当我们充分行动的时候，即兴的灵感告诉我们该如何进退，说什么话，抱持怎样的预期。这是意识在激扬，是觉醒的进程。

王国建立在直觉的基础上。著名的企业家、投资家、领袖们最终让直觉做决定。许多时候，数月的调查研究，殚精竭虑的衡量思考，逻辑判断的决策会在最后一分钟被弃之不用，因为直觉说这一切都不对劲。

两个爵士乐手一起坐在各自的乐器跟前，一个用立式贝斯，另一个是钢琴。没有总谱，没有图表，也没有明确的计划。他们开始即兴联奏，当这即兴演奏到华彩处，其妙不可言让人叹服。

贝斯突然转调，钢琴毫不费力地跟上，两架乐器配合得天衣无缝。没有总谱，没有图表，也没有计划。一个人的突发奇想，另一个人怎么能严丝合缝地配合上？对此没有合乎逻辑的解释。两个人各有其喜好和天性，此刻却合为完美的一体，用共同的直觉挥洒自如，对此无法有合乎逻辑的解释。

此时的音乐没有互相竞技之意，唯有彼此应和之情。贝斯与钢琴之间，既在对话，又在独语，联奏完美地浮荡其间。

我不知道这是怎样发生的。我只知道它就是发生了。是直觉的表现超越了我们自身，找出了合乎情理的方向，让我们做出充满灵感的决定。

即便日常琐碎对话，也一样以信任为基础，灵动而即兴。吃饭时和他人交谈，你必得用心倾听，随机回应。你不会事先写好稿子照搬照演。对方的话引起你的话。你的话又带出对方的话。哪里有什么讲稿？要是你能在吃饭时和人来一场闲谈，凭什么不能在一天中以时时刻刻的即兴发挥顺利度过？

跟着直觉，我们就跟住了纯净的灵魂，因为没有什么东西比直觉更能体现出灵魂的精微灵动了。

我们不能像打开开关一样直接启动直觉来充分运用它的威力。相反，我们舍弃，向来势臣服。我们不努力，而是临在。直觉自会做一切事情。

不过，想要加强和直觉的联系，是有方法的。当我们充满自信，镇定自若的时候，直觉会特别强，在这样的状态下，我们会得到率真的宁静和稳定感。当我们需要做出大胆的决定，冒风险的时候，我们的直觉会大大加强，更容易激发，随着形势的起伏自然流动。

打破你的因循惯例，直觉就势如破竹。变换你的固定路线，起伏自然显现。全神贯注你的五种感官，自有力量从内在出现，引导你如何去做。

然而，也许最有用的激发方式是动起来，迈开你的腿，一只脚踏出一步，哪怕不知道要去哪儿，怎么去。此时如果加上任何意图，比如，要成为觉醒的百万富翁，你脑中的雷达就会自动运作，直觉会自动寻找一切与目标相关之物。

为什么此时直觉会出现？因为我们刻意地去除了一切已知的方向。我们不知道下一步怎么走，于是直觉涌现，去填充这片空白。

这就像蒙上双眼跳下悬崖。并不是那么匪夷所思，而且它的确会搅碎僵滞淤结的状态。

我们活得勇敢大胆。我们勇于冒险。我们敏于行动，毫不犹豫。要是不敢接受狂野挑战，我们成不了觉醒的百万富翁。做别人不敢做的事情。做别人认为疯狂的、危险的事情。

若我们不敢行人所未行，我们就成不了觉醒的百万富翁。

若我们不能当机立断，持之以恒，我们也成不了觉醒的百万富翁。

对觉醒的百万富翁而言，只有冒险才是值得一做的事情。

不要让那些无法理解你的人羁绊住你的脚步。要是他们明白我们明白的东西，他们早就和我们并肩而行了。当然我们不应该评判他们，但更不应该让他们阻碍了自己。大胆。勇敢。冒险。绝不迟疑。

听你自己的内心。看看我们周围，那么多的人给我们亦步亦趋的指导，各种安全无虞的道路。那当然没什么错，但是，那样只能让我们永远活在生活的表层。

仅仅头脑风暴，当然不可能将激情转化为实际利益。是的，那只是一部分。而觉醒的百万富翁会使用真正的秘密武器：直觉。我们寻找的一切答案，都隐藏在我们的心、我们的灵魂、我们神识的深处。

第十二章
金钱唯一的用途

如果你仅为赚钱而工作，你永远不会发财，

如果你热爱你所做的工作，将客人放在第一位，成功就是你的了。

——雷·克劳克

阿诺德·佩腾特在他所著的一本小书《金钱》中写道："金钱唯一的用途就是表达谢意。"

谢意。感恩。

仿佛简单的老生常谈，我们不要把这样的话语留到欢度假日时做装饰语。谢意可能不仅仅是心灵鸡汤，它或许是觉醒的百万富翁不可或缺的利器。

我们必须对所有的事物拥有谢意。我们应该感谢一切珍爱之物：家庭、朋友、时间、激情、社区、家园，以及我们养活自己不受寒受冻的能力。即便平时我们想都想不起这些，但是我们心里是知道的。

然而，金钱一直都被称作"感恩杀手"，真是奇哉怪也。

很多时候，我们费尽心力，好不容易赚来钱，可是紧接着就眼睁睁地看着那些钱像打水漂一样，随着账单、债务、还贷、日用品、吃的喝的，一刻不停地流走了，金钱就像无赖小儿，无情地玩弄我们的幸福人生。

金钱……无赖小儿？

金钱……有个性？

我们，作为觉醒的百万富翁，知道不是那样的。可是，我们必须不断地花钱才能保证我们基本的生存，这简直可以算作最让人了无生趣的事情之一了。不过，我们换个角度来看待一下问题，会如何？

每月必付的账单中，会不会隐藏秘密，可以让我们赚更多的钱？"金钱唯一的用途就是表达谢意。"这话到底什么意思？是要我们亲吻收到的每一张账单？在每一份寄出去的支票上写上"谢谢你"？给征我们税的政府送花？

对大部分人来说这太荒唐了，可对觉醒的百万富翁而言，这是成功的秘密武器。

当我们付费给煤气公司、电话公司、贷款公司时，我们实际上是在对日常生活的富足表达谢意。我们有房住，应该感恩。我们有电话和亲友保持联络，应该感恩。我们有车，随时随地带我们去想去的地方，应该感恩。金钱唯一的用途是表达谢意，我们寄出的每张支票都是表达谢意的机会，感谢我们拥有的一切。

这并不仅仅是个乐观态度，在半空的杯子中看到半杯水之类。感恩充满积极意义，它能带来的力量，远远超过乐观态度。这是贫乏心态和富足心态之间的差别。贫穷与富裕。受害者和觉醒者。只有抛开贫乏、贫穷、受害者的心态，我们才能看到令人吃惊的真相。

裹在重重负面心态之下，我们浑身上下都散发着不尊重金钱的气息，不感激金钱，不理解金钱。金钱会到别的地方去。贫乏、贫穷、受害者的心态如能量振动，散发出信息，不管这信息是直接射向外部宇宙，还是内敛入自己的潜意识，都足以剥夺任何致富的可能性。

只要我们仍有意无意地认为金钱是坏的、邪恶的、干枯的，我们就能在现实呈现中为这些观念找到证据。一个相信阴谋论的人，有一天会发现电脑里有病毒，让他取消一项赎金。相信世上任何人都不能信任的人，有一天会发现老板让他们走人。相信金钱造成腐败的人，有一天会发现合作伙伴从他手中挖走客户。

感恩和谢意能自然而然地将恶意的振动频率从我们内心抹去。我们表达谢意的时候，就开放了自己，能接受更多，赢取更多，成就更多。我们在告诉自己的每个面向，告诉我们遇到的每个人及事物，我们准备着。我们准备接受，因为我们感谢接受到的一切。

我们不仅准备给予，我们也准备接受，这至关重要。

接受和给予一样重要，不然的话，金钱如何能够流向你呢？如果不承认自己的价值，不承认自己提供的服务的价值，金钱是不会来到你这里的。当金钱来到你这里时，你应该感恩。

这是金钱的循环。

金钱时时刻刻在我们周围流动。我们不缺乏进入流动的机会。就拿美国来说，任何时候都有上万亿的金钱在我们之间流动。上万亿的纸币硬币，这些是能放到口袋里的钱，我们必须知道，如果我们向它们开放，它们就会来到我们这里。

难道我们真的活在一个只有足够聪明的人才能吸走自己那份钱

的世界上？是不是我们该了解的只是如何玩这个游戏，占得先机？绝对不是这样。那样看待经济的眼光已经很老套落后了。

举个简单的例子，有一家我们喜欢光顾的饭店。虽然周围有很多饭馆，我们却总是来到这家。为什么？一部分原因是饭菜好吃（当然是意大利菜啦）。一部分原因是价格。

可是真正让我们成为忠实顾客，让我们把上万亿中自己那一份毫不犹豫地贡献给这家饭馆的原因，是非常微妙，难以言喻的。

这种微妙存在于饭馆老板和服务人员的身上，我们能感觉到他们散发出来的感恩气息。我们踏进那里时，能感受到谢意。他们和我们说话的方式，互动的方式，拿我们当忠实顾客对待，甚至视我们为朋友。我们在处处都能感受到这样的氛围。桌上摆的鲜花，点的蜡烛，账单散发的薄荷味。这些仿佛都在对我们说：谢谢你。这样的谢意令人无法抗拒，促使我们一次又一次的当回头客。

我们的经济历经灾难性的衰退，我们的社会饱受创伤，在新千年开启之际，出现了新的经济形式。虽然艰辛犹存，我们却看到了人与商业之间新的互动趋势。在美国，我们看到了独立商业的兴起。商业模式的转换，独立经营人的兴盛，给觉醒的百万富翁带来绝佳的生长土壤。

这些新的经营人看到了无限商机，经济上的艰难奋斗只是更坚定了他们的决心，他们发现到处都是赚钱的机遇。这样的经营人会在他人的一片反对声中开展自己的事业。他们坚信自力更生以及共同参与是致富之路。

以书店为例。二十世纪的大部分时间里，独立书店和图书馆都是主流的书籍发散中心。那时候还没有大型连锁书店。也没有互联网巨头。

可是它们来了。巴诺书店是垄断运营了几代人的"父母书店"。巴诺书店……简直是业界不可战胜的巨怪啊。可是亚马逊来了，多家巴诺书店关门大吉。毕竟，网上购书方便多了。

现在，独立启动、独立运行的经营形式出现了。你会看到住家附近新开的独立书店。它们不光卖书，里面还有咖啡店。卡布奇诺的味道很棒。

一时间，走入这样的书店，喝杯咖啡，找本有兴趣的书翻翻，和邻座的陌生人聊聊关于书的话题，成了新潮时髦的风尚。

互联网时代给我们带来了便利，同时我们也渴望将真实的生活经验带进我们的社区。人的味道，现实的暖意，这是觉醒的百万富翁的良机。

对独立启动的经营者而言，当前的机遇、支持和资源都前所未有地好。我们作为全球化时代下的人类，正表达出想要更紧密联结的愿望。世界永远在变，在进化。改变是无法避免的，觉醒的百万富翁会适应变化。

我们不是宿命论者，说世界愈来愈糟，机遇愈来愈少。我们不会说人类的灵魂正在堕落。我们不会像接受末日警告一般，认为邪恶的巨型公司永远控制了我们。我们不会成为时代和环境的受害者。

我们应该看穿这些纷纷扰扰，专注在此时此地。我们应该感激自己所拥有的一切，让它指引我们看到近在眼前的机遇。作为觉醒的百万富翁，我们应该给世界解决问题的办法。给世界带来机遇。要做到这些，我们必须调整自己，自力更生，抓住等待我们的良机。

第十三章
忘掉销售，开始分享

人为本，钱次之，物更次之。

——苏茜·欧曼

杰西潘尼开始做生意的时候，形势一片不利。唯一有利的是他的内心。除了想为周围人们的生活增添光彩的满腔热情，他一无所有。他知道人应该活得更好，人们想活得更好，可以从他提供的物资中得到益处。

怀俄明州凯默拉镇上辛苦度日的人们走进"黄金法则"商店，看到质量上乘的时尚服饰，而且他们还能流连购物，而不是一看就倍受打击，掉头出门。他们能买得起眼前的货物。那让他们觉得自己有能力，有尊严。穿上那样的衣服，走在大街上，感觉完全变了。

潘尼的宝贵处不仅仅是这些，他还让自己的雇员感受到尊严和力量。他让他们直接介入商店的运营，让他们充满热情、自信和主动性，所有这些都是顾客也喜欢的。这样，在顾客和店员之间形成了积极的关系。

这就是潘尼的生意经的强大力量。它为买方卖方都创造了无比积极正面的体验。

我们有产品。我们有服务。我们有好东西。每一门生意都从这一点起步。我们应该让这样好的产品或服务抵达合适的人手中，最能因此受益的人的手中。

如果我们不进行销售，不营销，不搞推销活动，我们的生意，就会埋没在深巷不为人知，我们的好意就无缘实现。生意就是销售。我们必须卖出去。

销售。

像金钱一样，销售这一名词同样也饱含邪恶的含义。

尤其从灵性的面向看。

大家都认为：

销售是卑劣的。

销售是充满诡计的。

销售是不诚实的。

销售是操控人的。

销售是不合自然之道的。

销售是丑陋的。

销售当然是没有灵魂的。

很多时候这些说法都没错。

的确有卑劣的人滥用销售行为欺诈钱财。有人为满足私利无所不为。有人毫无慈悲，缺乏同情，冷漠短视。有人撒谎，欺骗，用偷窃的手法销售。有人为达目的无视规则。

销售是否本性就是虚伪狡诈？给予是灵魂的使命，而销售是否污染了我们灵魂的崇高部分？给予本身就是至善，而销售是不是它染污了的兄弟？销售是否污染了我们的激情，败坏了我们的目标，让我们的使命偏离正道？

不，并非如此。觉醒的百万富翁知道生意的真实属性。

生意是分享。

考察一下觉醒的百万富翁的DNA——激情、目标、使命、直觉、灵感、灵性以及伦理。觉醒的百万富翁想让所有这些面向都能实现，将它们发挥出来，分享到这个世界上。

销售、营销、推销——这当然是生意。生意就是我们如何分享自己，分享我们的激情、我们的产品和服务，让人们可以因此得益。我们就是这样来实现自己的使命的。

灵魂 + 生意 = 分享

我们必须知道谁将会受益。我们必须知道去哪里找到能够受益的人们。我们必须知道如何与他们连结。我们必须知道和他们交流些什么。我们必须知道如何销售。

我们可以跑到大街上对着陌生人大喊："我可以让你快乐！"他们连看都不会看我们一眼，他们会把我们当成疯疯癫癫的乞讨者。

我们手里有没有好东西不重要。我们能不能救他们的命不重要。冲着别人大喊大叫，希望人家一下子就明白我们多么有价值，这是徒劳。

销售的时候支支吾吾犹犹豫豫也一样不行。你缺乏信心，人们就会不信任。如果我们没有气势，别人就会认为我们的产品有问题。

我们的世界充满纷扰，嘈杂不堪，所有人都希望得到他人的注意，让人感兴趣，让人想和他们在一起。我们的感官不堪重负。在这样闹哄哄的世界上，留给我们交流的余地不多。

那我们应该如何与即将从我们这儿受益的人交流呢？怎么和他们说？我们应该发自内心地和他们交谈，从灵魂深处，激情所在处，要有真正的理解和同理心，这样和我们的服务对象，和我们的客户交谈。

关于这一点，没几个人比戴尔·卡耐基说得更好了。他在1936年的著作《如何赢得朋友，影响他人》至今仍是部经典。他指出要关注他人，而不是自己，这是关键点，觉醒的百万富翁正是如此思考如此行动的。关键在理解他人，为他人服务，而不是为自己。服务他人的结果，就是你也会得到服务。他写道："与人打交道的关键在于能体谅到他人的立场。"他还写道："记住，别人可能完全是错误的，但他们自己不这样认为。不要蔑视他们，傻瓜才会蔑视他人。试着理解别人。"

著名的销售讲师，作家金克拉也指出："你只要帮助他人获得他们想要的，你就能得到一切你想要的。"

好的文案对此深有体会。我在《催眠写作》一书中写道："从你的自我中出来，进入他人的自我。"写作的时候凝神专注，聚焦在他人能得到什么，而不是你能卖出什么，给出什么。

我们不应该说："我的办法是最好的。我的产品有这个优点那个优点，是最好的。我们的产品能改变世界，让一切转得更快。"转得更快有什么了不起？只要发明了新轮子，每次都能转得更快。

我们应该换种方式说："你现在碰到问题了。它造成了这样那样的影响。它让你生活不便。它阻碍了你。我能解决。我不仅解决这个问题，也给你带来快乐。让你的生活更好。让你觉得更圆满。"

共同创建广告业巨头BBDO公司的布鲁斯·巴顿曾如此解释销售汽油和销售梦想的不同之处，他说当我们说销售汽油时，我们在销售一样产品，可是如果我们说我们在销售梦想，只要车里有汽油，你就能自由自在地去度假、去工作，这时候我们在销售能让你得益的好处。

就像是介绍新款电脑，说有什么更高速的花哨玩意儿（优点），和说可以帮助你更有效地工作（好处），是不同的。永远要以好处为中心。

我们不只对他们的理性头脑说话。我们对他们的情感内核说话，抵达他们最深的兴趣、欲望所在，点到他们的痛处。我们的声音在他们的最深处回响。

只有跨出我们自身，才能做到这些。要超越我们个人欲望。我们必须以客户的需求和愿望为动机。

如果我们的话真挚、诚实，有激情，一心为改善他们的生活，我们就能看见销售的灵魂所在。

我们别忘了，我们每个人都是具有分辨力的个体。我们会为自己思考。我们会聪明地考虑。我们会权衡各项选择，心中都有一杆管用的秤，明白什么东西对自己有利，什么东西侵害了我们。

对，我们也会有走投无路的时候，会抓住任何一根毫无希望的稻草。不过作为觉醒的百万富翁，如果我们真的牢记真挚诚实，念兹在兹，以尊重自重之心说话行事，我们就永远不必担心会过于巧舌如簧，不必担心销售的黑暗面。当你与人交流的时候，你内心的良知自会在场，和你所面对的顾客的内在良知直接说话。

我们的激情必须最大程度点燃，我们的产品必须尽善尽美。我们必须相信自己在为顾客提供最大的价值。如果心存犹疑，我们就应该退回来重新审视。而如果我们已经将激情、目标、使命发挥到极致，就应该对得起这份努力。我们必须将产品送到合适的人的手中，不应该畏惧物议，怕人说我们在推销自己。我们的事业是分享。

第十四章
多少算够?

我的钱足够多了,要是我四点就死了的话。

——汉尼·杨曼

挣多少算够?

觉醒的百万富翁迟早都要思考自己算贫乏还是富足这个问题。以陈旧的观点看待世界,会认为人都是受贫乏驱动。他们工作,为了付账单。因为人们相信成功与价值和金钱相关,所以他们一直在努力奋斗。很少有人在一生中会停下来,停止挣扎,相信自己已经拥有足够多了,可以休息了。事实是——大部分人都一直工作。

从新的观点看来,足够是不够的,还有富足。觉醒的百万富翁身处的世界和其他人的是同一个世界,但他们看到了以前从未看到过的机遇。他们认识到金钱会以这样那样的方式让每个人都得到。金钱不需要被管制、限制、刻意分配。它随处可得,得到属于你的那份金钱的途径是跟随你的激情。

可是你要的那份是多少?多少算够?是不是挣到一个具体数目后你就收手?是不是实现某个梦想之后你就不再工作?

觉醒的百万富翁知道并没有一个明确的数字,激情也没有最后期限。只要钱进来,他们就接受,然后管理。只要激情仍在血管中鼓荡，他们就会继续精力充沛地工作。

觉醒的百万富翁提供了产品和服务，只要人们愿意为此付钱，收钱是顺理成章的。没有人会尊重免费得来的东西，收费并因此得益是正大光明的生意之道。当然觉醒的百万富翁会时不时地提供无偿公益活动。但这并不是因为亏欠了什么而回报，觉醒的百万富翁知道自己没有亏欠任何东西！如果他们给予，是出于开放的心，愿意在某些情况下分享。

那么花钱、购物又当何解？觉醒的百万富翁知道花钱购物是保持经济流动的方式，可以给所有人带来工作。上馆子吃一顿饭，就为70个相关人员提供了挣钱机会。不光是饭店老板，还有服务员、厨师、农民，以及送货司机等人。一顿饭是刺激经济的恩物，你所购买的每一件东西都是。

给予是无限的。对给予者来说，他的灵魂得以丰富，对接受者来说，也许他的一生因此改变。没有安德鲁·卡内基之类的大佬的给予，很多图书馆可能就无法建成，许多人的人生也无法被点亮。同样，若没有普通人的给予，也无法为许多善业集资。

网上出现的新的集资方式，如"启动者"，带来了新风潮。一个普通人，也许没有良好的教育背景，没有资历，也没有资金，可以在"启动者"上发布请求，告诉大家自己的故事，募集资金，并给一些回报，比如一本签名相册。公众会响应、捐钱。"启动者"的运行人则收取一定的提成。这可谓三赢，寻求资金的人得到了钱；给出资金的人得到了帮助他人的渠道；"启动者"得到了营利。"启动者"公司提供了这么棒的服务，他们挣多少都是应该的。

　　我总是听到有人说我提供的每一样东西都应该免费。他们根本没有意识到他们的要求暴露了自己对金钱的受限观念。或者说，正是这样受限的观念，导致他们总在挣扎，想白得一切。当我推出"零点"项目时，我明码标价，因为我操作该项目是要花钱的。

　　事实是为该项目工作的人想要报酬。

· 音响工程师要报酬。

· 平面设计师要报酬。

· 信用卡公司要报酬。

· 制造商要报酬。

· 仓库老板要报酬。

· 运输商要报酬。

· 我的工作人员要报酬。

他们为什么要报酬？和你一样：他们有自己的账单要付。

　　所以，要求像"零点"（www.thezeropoint.info）这样的项目白白送到你手上，是否合理？那有什么意义呢？公平吗？而且，对于白得的东西，人们从来不重视。

　　我在www.attractmoneynow.com上分享了我的书《现在就有钱》。你读了吗？你按照那七个步骤实行了吗？说实话。

　　我也分享了三册《吸引力法则》（www.miraclesmanual.com）

你上网下载了吗？你读了没有？你实行了你所读的没有？请说实话。

如果你认真想改变自己的人生，那就别再忙着要免费品，花钱让自己醒悟吧。免费和自由是不同的。

总会有人批判。有人说觉醒的百万富翁得到的太多。当然了，批判者对任何比他们富的人都批判。实际上每个人都可以按自己的心愿，能挣多少是多少，爱怎么花怎么花。除了自己的良心，没什么可以限制一个人该挣多少。除了自己的良心，也没什么可以限制一个人愿花多少、存多少、给多少。觉醒的百万富翁对自己内心的安宁负责，不对批判者的安宁负责。

跟着激情，金钱自然会来；按自己的心意分享利益，平衡自然在世上形成。觉醒的百万富翁公式对所有人开放，并不限于某一人或某一群人，任何人都可以掌握其中的诀窍，随自己的意愿处置金钱。那么，别污蔑那些已经成为觉醒的百万富翁的人了，不如自己也理清和金钱的关系，理清自己的内心，也成为觉醒的百万富翁。

财富从来不会太多了；只有觉知不够，无法接受与分配财富的流动。

第十五章
不再失败

别以报酬多少来论断自己的能力大小。

——马龙·白兰度

还有一种隐含的机制，在表象下运行，破坏了我们对生意和销售的正确理解，无法建立起积极的关系。我们必须面对它，否则寸步难行。那是我们对自己能力、价值的怀疑，对失败的恐惧。

说到金钱和销售，到底怎样算是失败？对此觉醒的百万富翁有着和常人完全不同、不合常理的理解，简单而直截了当。

每位创业者最深、最黑暗的恐惧是什么？满怀希望地把产品端出来，却无人问津。于是我们会认为自己的使命毫无价值。我们的自我价值也等于零。我们失败了。

我们拿出了自己的产品，然后发现另外一家也有惊人相似的产品。于是我们想，竞争者太多了。我怎么可能战胜所有对手？

我们拿出了自己的产品，人们也来买了，可是反响不佳，投诉不断。于是，我们又失败了。我肯定做错了。

可是我们并没有失败啊。

觉醒的百万富翁的字典中没有失败二字。

失败根本不存在；有的只是反馈。

反馈对觉醒的百万富翁来说是好事。不管是客户欢天喜地的表扬，还是石沉大海般的没有动静，或是一顿臭骂，都是反馈啊。

觉醒的百万富翁欢迎任何形式的反馈，因为这是通向机遇的大门。

反馈 = 机遇

生活是一本书，书名叫作《选择你自己的冒险历程》。没有什么时刻比当我们面对失败的时候更能显示出端倪。我们在失败的时候做出的选择，是最能影响我们生命历程的。

一位女子想成为脱口秀喜剧演员，她就想逗乐大家。第一场演出她将段子排练了上百遍。她给自己录音，斟酌何时抖开包袱效果最佳，调整音调和语气，每个细节都琢磨到了。终于到了重大的表演之夜，观众们却只顾喧哗。她惨败而归。

她回到家，喝了半瓶酒，倒头就睡。接下来的几个星期，她和朋友们说要改进演出，再试一次，可是她无法承受再次失败。她只得一次次的拖，拖了又拖。她再也没有去任何喜剧表演俱乐部，她的梦想破灭了。

或者我们换一个场景，她回到家，喝了半瓶酒，倒头就睡。（短暂的沮丧没什么丢人的。）第二天她回想起那些观众。他们无动于衷的脸让她难受，不过她逼自己好好去想。她注意到他们都极为年轻，仿佛刚跨出大学的门槛。她的笑话是关于三十多岁、养猫的单身女人的，怪不得他们不觉得好笑。她决定去另一家表演场试试，那里的观众年龄要大些。她紧张得神经都要崩溃了，但还是将同样的演出坚持下来，观众被逗得哈哈大笑。

再或者，第二天她找来几个朋友，做假想观众。她朋友们对段子的反应热烈，不过她心想：当然了，你们是朋友嘛，自然不会当面说不好。可是后来，其中一个朋友说到些她从未注意的东西。那位朋友说她的笑话得过一会儿才反应得过来，和别人的不一样。也许她应该想办法做好铺垫，让观众在抖开包袱之前就做好准备。她据此改进了段子，下一场表演果然大获成功。

又或者，第二天她去找俱乐部经理。她请他谈谈对演出的真实看法。听到对方的直言的确不好受，可是她知道对方说的是实情，也看到了许多自己一个人根本看不出的问题。她改进了段子，又表演了一次。这次许多人微笑了，有那么一两次还笑出声儿了。之后她又和经理谈了一次，这次经理主要是鼓励。他关照她要继续努力，不断改进。她听从经理的意见，经理成了她的半个导师。

在这个故事中，失败和放弃之途只有一条。而前进之路却有很多，可以去发现，去改变，重整河山。向前的道路有万万条。

我们有机会问自己：下面该如何？我们怎样改进？怎样努力？我们之前做得对吗？时间点对吗？我们能增加点什么？减少点什么？我们是否找到了合适的对象？我们怎么把这件事情做得更好？还有什么潜在的产品或服务可以开发？

这样的机会是顾客给我们的礼物。每一项使命的目的都在于给他们价值，给他们需要的东西，给他们我们能给予的最好的东西。通过反馈，他们告诉我们该知道的一起，让我们能达成目标。我们需要的只是去聆听。

1984年，一位窘迫的作家推出六个课时的写作课程，他用传统的广告方式来推销自己的课程。为了登广告的钱他没少费心，终于登出来了。结果没有任何成效。这算不算失败？不。这是个反馈。设计那六节课的年轻人把课程写成了书，成了他第一本出版的作品。对，我说的是自己。那是我的书，《禅和写作艺术》。这本书的出版对我有决定性的意义，可是如果没有之前的失败，它就不会问世。

路遇障碍，绕道而行。绊倒了，重新站起来。受阻耽搁了，继续走快一点。遇到挑战，战胜它。碰壁了，翻过去。

我们可以选择，去听取反馈，让它告诉我们机遇何在。我们不知道机遇在何处等着我们，但条条大路都通向成功。

第十六章
三赢

单凭金钱，就能让世界转起来。

——普布里乌斯·西鲁斯

一言以蔽之，觉醒的百万富翁的企业家精神是三赢。

只要我们忠于自己的宗旨、使命，坚持价值原则，那么所有人都能成为赢家。我们是赢家，客户是赢家，整个社会也是赢家。

我们成功地为客户送去优良的价值，成为赢家；客户因我们提供的产品或服务而受益，成为赢家。而社会，无论是地方性的社团还是跨国的集团，也因为其内部发生的积极行为而欣欣向荣。

仅仅是一项具有三赢精神的事物都会产生涟漪效应，进而影响成千上万人的生活，有时候，甚至改变几百万人的人生。

想要在人生的方方面面获得成功，有一个秘诀是在每一项关系中都贯彻三赢精神。

- 我不想仅仅自己成为赢家，而对方成为输家。
- 我也不仅仅想双赢，虽然双赢已然很酷了。
- 我希望所牵涉的每一方都成为赢家。

绝大多数人都远远做不到这些。我还是讲一个故事吧。

过去的十年里，我们在德克萨斯州的希尔郡宁静度日。我们非常喜爱那里。在我家旁边，有一块十二亩的空地。空地的主人每年光顾一次，我等他们来就和他们商量，想买下那块空地。他们拒绝了。第二年他们又来了，我又找他们商量，他们又拒绝了。一年又一年，每次都一样。不过他们也没在空地上盖任何建筑，因此情况还不错，不吵架，一切都还好。

但最近他们派来了工人和勘查人员，告示贴出来了，建屋在即。我即将面对整整一年的工地吵闹，以及一辈子或许都会有交集的邻居。我一点也不喜欢，我想，安宁静谧的岁月结束了。

我知道肯定有一个三赢的点，只是我看不到。我该怎么办？三赢在哪里呢？

我妻子娜瑞莎立刻开始行动，在附近找到了一片三十亩的土地出售。她关心这三十亩的地，是想打听清楚我们这一带土地的售价行情，然后用这一信息去和邻居再次磋商，做最后一次努力，买下他们的十二亩。不过她打听到的信息让我有了个大胆的主意。我感受到我的想法满含诚意。我很感激我的直觉，也感激自己有能力看到机会，并抓住机会。

我为这块"三十亩"找了个地产经纪人，告诉她："你替我打个电话，我让你做成两单生意。"

她动心了。我跟她说了我家旁边十二亩地的情况。也告诉了她附近那块三十亩地的事儿。然后我说："给那十二亩地的主人打电话，说我会用那块三十亩土地的价格买下他们的十二亩。"

这就是三赢。

这样一来，我得到了他们的土地，他们得到了一片更大的地去建房，经纪人则做成了两单生意。三赢。

不错，我出的钱是那块十二亩地本身价格的两倍，可是，从情感的角度讲，那块地对我而言，价值何止百万，我得到的是自在。这投资太划算了。

当然，不是每个人都愿意这么做的。大多数人会用尽手段得到那十二亩，把邻居赶走。这只是单方的胜利。

还有人在设法得到那块十二亩地时，也会帮助对方找到同等价值的土地。这是双赢，不过还不算上佳。

很少有人会想到经纪人。他们会私下找人，绕开经纪人。但我们要的是三赢，双赢还不够。

再强调一次，人生的一大秘诀在贯彻三赢精神。在与人合作项目的过程中，我也秉承三赢精神。如果我为某人的项目背书，我一定是因这个项目获益，而且非常喜欢，愿意成为合作方（我赢），我知道制定项目的人通过我可以获得他该得的利益（他赢），而终端客户也会得到快乐（他们赢）。

这样的行为为何不多多益善呢？

通常我们都很懈怠，陷在固定的心智结构中，只关心自己的利益。可是我发现，人生真正的乐趣在于照顾好自己的同时，也关怀他人的利益。

　　再举一例。我最近看了部非常棒的纪录片《摇滚预言家》，讲的是专职拍摄摇滚明星的摄影师罗伯特·奈特的故事。这位出色的摄影家拍摄过音乐史上诸多标志性人物，包括齐柏林飞船，索尔·哈德森，杰夫·贝克，滚石，史蒂威·雷·沃恩，桑塔纳，生病狗狗等。现在他是慧眼识英雄的伯乐，能成就泰勒·道·布莱恩特这样新的传奇。他的故事引人入胜，启发思考。

　　通常摄影师都不会出售那些惊世之作的底片。史蒂威·雷·沃恩最后一场演唱会，罗伯特是唯一一位在场的摄影师，但他从未公开过当时的照片，还有许多其他明星的照片，他也未曾发布。曾有人出价三百万美元，购买他全部照片的所有权，被拒绝了。

　　可是，罗伯特的母亲得了阿尔茨海默病。她必须日夜有人照顾。这需要每月花费九千美元。罗伯特不知道该怎么办，但他必须有所决定。

　　正在困境之时，吉米·亨德里克斯的妹妹联系了他。他们商量出了一个三赢的办法，罗伯特将他手头的吉米·亨德里克斯的照片底片卖给吉米的妹妹，即亨德里克斯基金会，这样他得到了足够的钱去支付他母亲每月的费用。这显然是三赢。罗伯特得到了钱。吉米·亨德里克斯基金会得到了珍贵的照片。罗伯特的母亲得到了她需要的照顾。

　　你看清这其中的运行了吗？我在这里说的其实是爱。凡和你打交道的每个人，爱他们，你自然就会得到三赢的解决办法。

　　下回当你面临讨价还价，或是做交易，或与人发生任何关系，都要问自己："这里头三赢的可能性在哪里？"只要你坚信有三赢的办法，你的心智自会努力去找到它。所以转动你头脑中的雷达，找到下一个三赢的办法。

三赢的精神体现了觉醒的百万富翁的全球情怀。我们虽然拘于某一个地方而行动，但影响却遍及全球。我们尽全力扩展自己的作用。我们的行为并不狭隘。我们不为自己设限。我们尽可能伸展。

三赢既是思维方式，也是解决问题的办法。

觉醒的百万富翁遭遇到的最艰巨的挑战，都可以用三赢之道解决。问自己：三赢的点在哪里？如果遇到了通常被认为是竞争的事情，最好的解决办法是什么？我们可以伸出手去，联合起来，突破头脑桎梏，彼此合作。我们都有独一无二的东西可以给出——当我们互相支持时，会更强大。

多一场活动，会得到多一倍的参与者。同样的产品，多一个选择，会有多一倍的受众。如果合情合理，指点客户去竞争对手那里；同样，如有必要，让竞争对手接触自己的客户，或许我们会看到竞争转化为宝贵的同盟。我们已经知道反馈会直接指向机遇。

以三赢精神为宗旨的觉醒的百万富翁，会将机遇带给所有人。比如说，一家公司，生产可持续发展的有机身体护理产品，将盈利的一部分用于保护热带雨林。公司收到很多顾客投诉，说塑料瓶的泵嘴总是堵住。他们的产品一直使用可循环塑料，借此机会，他们重新设计了瓶子，使用一种从玉米中提炼出来的仿塑材料，并把泵嘴换成了挤压式的，成本降低了好多，抵消了换用新式材料的费用。

现在，瓶子不再堵住，材料是能生物降解的，成本也更便宜一些。每个人都是赢家，包括环境。

作为创业者，我们应该有操守，应该保持慷慨，心胸开阔。我们时刻关心他人的利益——不仅是因为我们知道这是高尚的，更因为这的确带来更多的财富，同时也更加丰富了我们的精神。

觉醒的百万富翁不会成为输家。我们永不停息地扩展我们的事业，知道凡接触到的每个人，都能因此受益。

第十七章
大格局

空空的口袋留不住任何人，
只有虚怀若谷的心胸和开放的头脑才能吸引住人。

——诺曼·文森特·皮尔

创业者精神为觉醒的百万富翁带来憧憬，召唤他们去完成这股力量所能达成的目标。在创业的过程中，我们一次又一次地意识到，利益永远排在使命之后，个人的回报永远和社会的受益一致。在觉醒的百万富翁的成长道路上，我们的使命日益清晰具体，不仅因为我们的激情越来越高涨，更是因为我们的企业家精神开始崛起。

支撑着我们不懈努力的是我们的大格局思维。这是企业家精神的关键要素。我们以此来理解目前我们所提供的产品及服务，我们有能力去继续做的，以及最终当我们的大格局完全成熟时能够达成的面貌。

有很多企业家，他们最大的格局就是赚钱。这并不是说他们丝毫没有服务客户的热情，只是那不是他们的主要动机。他们每天早晨眼睛一睁就想："今天怎样赚更多？"而觉醒的百万富翁，每天早晨一睁开眼，想："今天怎样能带给大家更多的影响？"这不仅是美德和操守问题，更是一种演化至今而出现的先进思想：我们个体的利益直接来自于为他人服务的激情。所谓大格局，就是这一激情的简明表达。

大格局是给我们自己看的，是我们内在的指导系统。我们依照它来理解自己的行为，看直觉如何指导行动，行动如何引发更多的行动。它是我们的激情，以激情为基础；从我们的激情中产生。它从产生到起作用，都完全只关乎我们自己如何理解、如何成长。

我们服务的对象则看到了大格局的另一面。他们看到的是我们的大誓言。这是我们的创业使命，人人都看得见。是我们拿给大家看的东西。在和客户尚未发生金钱交易之前，我们所做的保证。这是个庄严的大誓言，我们绝不会背弃的誓言。我们会让它一直发展。

我们的大格局和大誓言总是一起螺旋上升。向外，大誓言发展、作用、引起反馈，让我们对内评估、调整我们的大格局。我们依靠的就是这样的循环反馈、作用与反应，在这样的不断因果运行中，我们壮大起来。

我们心中的大格局是用自己的语言构写的，不需要他人也来理解。可是我们的大誓言则不仅仅是自说自话，而是要推出去向其他人表述。我们必须要转述我们的憧憬，这样其他人不仅可以理解，还会对此反应。这意味着我们不能用单调的逻辑来讲述，而应该清晰明了地切中受众的愿望和益处。

大誓言简明地告诉大家我们的产品或服务能如何提升他们的生活，带给他们巨大的满足。大誓言不仅要让人们决定是否要加入我们，还让我们自己承担起责任。我们给出了清晰明了的大誓言，我们所提供的东西必须遵守大誓言，不能含糊。我们从始至终都有责任。这样的责任让我们成为觉醒的百万富翁，强大、勇敢，我们的必须努力对大誓言始终不渝。

我们不能掉进普通创业者通常踏入的泥淖中。我们的大誓言不应该迫使人们去要他们根本不需要的东西。我们的大誓言不应该忽悠那些对此根本不感兴趣的人。

如果我们违背了这样的基本规则，那么在我们尚且毫无意识的时候，大誓言的威力就已经遭到腐蚀了。我们依靠大誓言的发展来让自己发展。我们依靠人们对它的反馈来让自己前进。只有它的真实和稳定才能让我们的使命达成；原则问题上的原则性缺陷会阻碍我们。我们没时间浪费在本可避免的阻碍上。

如果我们能忠于大誓言，让它的发展带动我们发展，我们就有了稳固的基础，得以发展我们觉醒了的事业。我们是通过觉醒的事业来挣钱的。我们通过觉醒的事业来表达灵魂的目标。

金钱 + 灵魂 = 更多的金钱 + 更多的灵魂

第二部

/你

第十八章
你能成为谁

只有做自己热爱的事情，你才会有真正的成就感。
不要把金钱当成你的目标。去追求你热爱的事情，
将它们做到极致，做到让人无法移开视线。

——玛雅·安格罗

我不知道今天的你身处何方。

我不知道你个性如何，有怎样的潜意识，怎样的人生。我不知道你是否对自己现在的样子满意，还是渴望转变。我不知道你为自己感到骄傲，还是在苦苦挣扎。也许都有点。

但有一点我知道，我知道你能成为谁。你能成为灵魂与金钱和谐合作的人。觉醒的百万富翁并没有整齐划一的范式。我们是人，不是机器人。但仍然有一条共通的道路，这条道路由前行者的成功故事铺就，被岁月雕刻而成。它明白如宣言，表明了觉醒的百万富翁的守则。

你现在能看清我们将一起迈向何方。你我共有那个发展空间。可是，你必须自己穿过旅程，走出适合你灵魂的道路，适合你的激情、目标和使命。

你并非独自一人承担使命。你背后有守则的支持。守则引导你，给你信息。在你个人的使命中，闪耀着我们共同的使命的光芒：

你将全力以赴，以你的激情、使命和金钱产生积极的影响。

你的事业旨在提升我们大家，而不仅仅是自己。

你的使命不仅表达出你对自身目标和成功的感激之情，更是对世界的感恩，在你将使命带到这个世界的过程中，你实现了灵魂与财富的双丰收。

你使命的特质是三赢，永远记住要给你生活的世界带来价值，它也回报你个人的富裕。

通过你的以身作则，你更大的使命是提升更多的人，让大家一起走在觉醒的百万富翁的路上，帮助其他人用自己的方式实现灵魂＋金钱＝更多的灵魂＋更多的金钱。

我想带你实现那个目标。我想引导你，让你成为觉醒的百万富翁。我想帮你准备好土壤，撒上种子。

这需要时间。

你需要时间来觉醒，颠覆你和金钱的关系。让你的使命成为实际事业需要时间。在创业之路上掌握觉醒之道需要时间。去拥抱这些吧。

虽然觉醒的百万富翁此刻就能在你的体内生长，回报却需要假以时日。

只有在下定决心后，一切才会开始。你必须做决定。除非你决心踏上觉醒的百万富翁的路程，否则什么都不会发生。

也许你已经决定了。如果你还未下决心，我邀请你不要只是拿脚尖沾沾水而已。如果你读到这里，心中还没有任何被点燃的渴望，那也许这真不是你的使命，至少现在不是。

但如果你心头燃起一丝火苗，你的心思、身体、灵魂蠢蠢欲动，想要品尝觉醒的百万富翁之旅，那就请将一只脚踏进水里，然后再踏另一只。

请真诚地与我同行。让我来指引你开始觉醒的百万富翁之路。

第十九章
决定

金钱通常追求不到，只能吸引而来。

——吉米·罗恩

决定

如果你踏出了一只脚，另一只脚也跟上，你就要降低重心，将脚跟稳稳地站牢。是做决定的时候了。

因为你是觉醒的百万富翁，生来就善做决定。对该做的决定，你从不拖拉。你信心十足地做出决定，因为决定本身就富含力量。

当他人因恐惧不敢做出某些决定的时候，你义无反顾地站出来。恐惧不会因为你想让它消失就消失。恐惧，无论以何种形式，总会在那里。但你不会因恐惧而停下脚步，哪怕停下，也不会太久——因为你有决定要做，要采取行动，以及有无限丰富多彩的结果等你去收获。

恐惧是最大的反馈。恐惧让你知道你走在正确的路上。如果你感觉不到恐惧，你可能就没有尽最大努力去挖掘自己作为觉醒的百万富翁的潜力。

你面临的转化会让你很难受，你的潜意识发出惨叫，它不想改变。我们潜意识的心对自己可是相当满意，它们喜欢掌控。可是我们最终得重塑我们的意识，拥抱变化，拥抱恐惧，让意识成为我们珍贵的同盟。

你会犯错的，你会跌倒，你可能还会受苦。可能很快你就发现走错了，心想如果当初那样做会更好——可是所有这些都不能打击你。挑战是学习的机遇。

当你出于诚挚的信心和愿望做出决定时，这个决定不会是个糟糕的决定。所谓糟糕的决定不过是学习和成长的机会罢了。我们理应尽量努力，既运用强大的直觉，也在必要的时候周详地思虑，做出最好的决定。

有些人会在面临太多选择的时候无所适从。有些人分析来分析去，总觉得不管怎么决定，以后必会后悔。你不会。你知道决定的分量有多重，但你不会因此而恐惧得迈不开步。

现在，你做了个重大的决定：你准备好出发了吗？你是否愿意一日一日，一点一点，来转化自己，成为觉醒的百万富翁？

我会将之称为你的命运，作为一个有灵魂的人，你命中注定愿意让自己富足，并将富足带给周围的每一个人。可是我不知道你的灵魂现在吟唱的具体是哪首歌。你是未来的觉醒的百万富翁吗？你准备好踏上征程吗？

你是否愿意和我同行？

出发

你与我，就站在此地。我们站在十字路口，决心已下。我们同行，一路穿越，直至成为觉醒的百万富翁。号角已经吹响，你看到胜利的远景，感觉刻不容缓，无论是我们自己，还是我们要帮助的人，都不应该再耽搁一分一秒。

你必须立刻决定到底加不加入。你必须决定你是否准备好，决心改变自己。

这样一场冒险的美丽之处在于，你每天都能看到自己的改变。你能看到你思想上的变化，态度和本质上的变化。你会看到这些变化如何像涟漪般散播到你的周围。你会发现旁人停下来，注意到你身上崭新的、宁静的光彩。你还会看到金钱以不同的方式来到你这里，更快，也更容易。

但是，觉醒的百万富翁的真正回报，却不是一夜之间就能得到的。这不是魔法。不会漂漂亮亮地包装好送到你面前。

你要忠于你的梦想、激情、目标和使命。你若能如此，必会得到难以言喻的成就，独特的成就。我无法保证你的崭新人生到底是什么样子，能赚到多少觉醒的财富，又能做出多大的影响。但我可以保证你会有一个精彩的冒险，你的余生都会对此视如珍宝。我保证你会记住这一天，你说出"我准备好了"，并踏出你第一步的那一天。

会有不同的机会和磨难等着你。生活会向你提出挑战。那些不愿改变的人会对你抗拒。你的潜意识中旧习顽固，会不顾一切地捍卫固有的领域。

有时你也会犹豫。你会不安，烦躁。你会走岔路。不过你总是会回到正轨。觉醒的百万富翁之路不会随时间消磨难辨。你受益的地方也不会退转消失。它们会一直跟随着你，一直起作用，让你进一步提升自己。

不过若是你认真决定加入我们，把它当成承诺，那还是尽全力不要走岔。你的心念和行动都要坚定有力。如果你稍一犹疑，跌落下来，赶紧重新上路。

我们的确有时步履踉跄，心生疑惑。我们的确时有软弱之处。我们不过是人类。不过觉醒的百万富翁不会对自己产生负罪感，用责骂和鞭策来让自己进入狂热状态。我们只是看到，当自己踉跄的时候，看到自己的脚步，然后回到正轨，继续向前，觉醒。

如果你准备与我同行，让我们一起向前。让我们明晰你对自己的承诺。也让我们庆祝，因为等待着你的旅程是那么非同凡响。你会惊叹不已。如果你决心已定，那就牢记在心，把握住机遇，让我们开始吧。

第二十章
金钱

所有的富人都有其独创性。财富在创意中——不在金钱里。

——罗伯特·科利尔

金钱

金钱不再是你的敌人。不再有对抗金钱的战争。如果你觉得自己为财务受苦受累，那不是因为外部因素的逼迫。

只有你自己该为自己负责，你也会珍惜这份责任。你不是个受害者，你自由自在。去承诺吧，就在现在。

去承诺要刷新你和金钱的关系。平静而沉着地用新的眼光看待金钱。看到那简单的本质。以中立的目光去看。看它是多么好的工具，能帮助到你的灵魂。你拥有控制权。

金钱是中性的，它不是万恶之源。控制权在你手中。金钱不是摧毁者，而是由你运作的创造的力量。你有控制权。金钱不能腐蚀你，因为它本身没有力量。是你赋予了它力量。你有控制权。金钱不能让你的心肠变硬，因为你满怀爱意和尊敬。爱和尊敬里没有冷硬。你有控制权。

金钱不能控制你，囚禁你，或改变你。它从来就不能。是你对金钱的想法控制了你。是你对金钱的情感囚禁了你。是你对金钱的固有旧习束缚了你。

这些想法都能改变。你在觉醒。你在寻找来自你灵魂的控制权。当你在这觉醒之路上日益深入，你会觉得不可思议："这场浑浑噩噩的战争怎么持续了这么久？我怎么会对这些谬见深信不疑？"

你可能会对自己业已虚掷在这场荒谬战争上的时间和精力感到震惊。也许会内疚，羞愧，吃惊，难以置信。不要对抗这样的情绪。接受它们，它们降临的时候，要尊重它们，然后放下，像阳光下划过的阴影。你现在该做的是向前看，任何与此无关的想法或情绪都要放下。

现在你知道自己已经自由了，不再有战争，对此应该感激，让感恩来让你坚定、强大。雾已然散去，再也不会回来。你不可能打破桎梏，走出洞窟，看到了阳光，然后又回到洞里，重新戴上镣铐，假装自己从来没有见过阳光。

你知道阳光是什么样的。你知道自由的滋味。在那样的光和自由里，生命中没有和金钱的战争，金钱根本不是个敌人。

不再诅咒账单，不再诅咒债务和责任。转而升起感恩，那些账单代表着电灯、暖气、电话、汽车、房子，你对这一切都感恩。在支票上附上感激之词，给债主们送去小饼干礼物吧。你再也不会诅咒金钱了，因为你怎能诅咒给你带来如此丰饶富足的东西？你已经是觉醒的百万富翁了，诅咒的行为多么荒唐，毫无意义。

你再环顾整个社会，你不会再视金钱为贪婪腐败。是扭曲的人心，在迷失中走向贪婪腐败。你也不会觉得邪恶的金钱玩弄着无助的人们，褫夺他们的幸福。你会看到成熟的人们正在醒来，他们登上山坡，准备亲眼看看自己曾奋力战斗的战场，他们却看到战场上其实根本没有任何敌人。

如果你遇到有人把金钱投入火中，你既不会高兴，也不会气急败坏，你只是觉得遗憾，遗憾一代又一代继承下来的盲目俗见如此根深蒂固，让人们无法觉悟。

你已经打破了恶性循环。在你这里，爱与恨的争斗已经停下，不会再占用你一刻的时间。你并非命中注定要一生陷在这样的恶性循环中，从来就不必。你现在清清楚楚。

你已经加入了觉醒的百万富翁的行列。也许他们中的有些人并不知道自己是觉醒的百万富翁，但他们的内心都有同样的准则公式。他们也都知道与金钱的关系究竟如何：金钱是潜力，是力量，是富足。

你现在和他们在一起了，他们既不爱金钱，也不恨金钱。你和他们一样，既不为金钱受苦，也不对抗金钱。你们运用金钱，也尊敬金钱。你们用金钱来给予，也用金钱来转化。

金钱会来到你这里，因为现在这里是它的家了。这里是它安全的天堂，它会得到照顾。它在这里自自然然，如其所是。它成了工具，等待你的梦想来赋予它使命。

你对金钱有渴望吗？不，你是觉醒的百万富翁。

你爱财吗？不，你是觉醒的百万富翁。

从你的钱包里抽出一张钞票。从你的口袋里摸出一个硬币，拿在手上，它不会呼吸，它不会说话，它不会朝你看，它感觉不到你，可是你把它放到哪里，它就会到哪里。

你把它放到哪里呢？

你就想象一下，如果你的钱有了使命，它能做出多少功绩！

假设你银行里有100万美元，你准备用它来干什么？怎么用？你准备怎样让使命成真？怎样发挥影响？你恪守什么宗旨？你响应怎样的召唤？你准备帮助谁？

你怎样才能不光造福于自己的未来，更造福于我们大家的未来？你怎样才能让你的金钱传达出你的激情、目标和使命？怎样才能将金钱转化为灵魂的示现？

也许你对这一切都了然于心。也许尚未清晰明确。即使目前仍模模糊糊也没关系。重要的是要感受，感受那一百万美元潜在的能量，以此来感受自己，感受自己的激情。如果钱只是钱，那不过是一张张纸头而已。可是如果加上了你的激情，它就觉醒了。

深入那感受。体会它。去品尝，去咂摸它的味道，去触摸它。用你的整个身心去感受。让它成为你的向导。你不只是个百万富翁。你是觉醒的百万富翁，你的作用会在经年之后显现出来。

第二十一章
障碍乃珍宝

金钱只是个工具。你想去哪儿，它就能带你去哪儿，
但却代替不了你成为主人。

——艾茵·兰德

最大的障碍中隐藏着最大的机遇

深入地感受金钱的威力，你会有所进步。但是，不能和金钱建立良好关系的最大障碍在你的头脑中。你认为金钱是邪恶的、坏的、腐败的，但真正阻碍你的并不是这些想法，而是你潜意识中的受害者情结。

一直以来，你都觉得是金钱害了你。如果你没有足够的钱，你觉得是在被工作、账单，或者往更大的范围说是经济，在迫害你。都怪金钱，都怪政府，怪体制，怪银行，怪收账者，还有怪自己的配偶。

多年来，你都认定自己是无能为力的受害者。你不是主动选择如此的，而是不由自主地随众，将自己的力量让给金钱，认为是金钱掌控了我们人生的自由。

但你不是受害者——现在你已经清楚了。你不是金钱或政府的受害者。你不是账单、债务的受害者，也不是你配偶的大手大脚害

了你。

这是进步。但光知道这一点是不够的。你可以开始在显意识的层面转化受害者思维，但这不会有彻底的作用。

为什么？

因为你的受害者思维不仅限于和金钱的关系。受害者思维是如此根深蒂固，以至于许多人在临死时悲伤地发觉自己的一生都活在受害者角色中。

你曾因生活中的问题怪罪他人吗？受害者情结。

你曾抱怨过自己的处境吗？受害者情结。

你曾抱怨过自己的朋友、家人、邻居、甚至陌生人？受害者情结。

要重新设计和金钱的关系，我们必须摆脱受害者思维。虽然这不是那么容易，却比你想象的要简单。关键在于一个至关重要的转化，这是你成为觉醒的百万富翁的过程中最重要的：去负起责任来。你不再沉溺于受害者思维，而是认识到自己也有力量。

你是唯一一个应该对自己的人生负责的人。这一点千万别忘记了。在任何情况下，你都无法只当个受害者就心安理得。任何情况下都不行，因为你有控制权。

是，生活中不如意者十之八九。意外会发生，疾病会发生，出乎意料的事会发生，悲哀会发生，挑战会发生。这些发生在我们外部的事情并不由我们控制，但如何应对，这是你能控制的。

无论生活带给你什么，你都能控制自己的态度。如果你不得不努力奋斗，你可以控制你对待奋斗的态度，你可以控制下一步做什么，你可以控制如何去应对。那就是责任，一旦负起责任，你就会有力量。

不要把责任当成负担。将它视作难得的机遇。控制是极少有人拥有的品质。大多数人一听到自己的每一个行为、每一个反应都得自己负责，就吓坏了。这是挺让人害怕的——恨不得躲起来。

可你是觉醒的百万富翁，你从不躲藏。你不想躲藏。因为只有在责任里，才蕴含着力量，那样的力量是欢欣的。一旦你坚定地立住，承担起你的责任，你就自由了。

受害者情结深藏在你的潜意识中，跃跃欲试，极力阻挠。可是只要你守住了控制权，就斩断了它的利爪。

看到这里，你是否感到颇受鼓舞？那就好。开始行动吧。或者感到胆怯？没关系。面对你的恐惧，和觉醒的力量在一起。接受恐惧。感觉它穿过你的身体。你会开始觉得好受的。觉得没问题。你会觉得像在家里那样自在。

欢迎回家。

大部分人都忘了他们自身的生命有多强大，可是你现在知道了。

在责任中，你找到了自由。负起责任来。将受害者情结掐灭在你自身的力量中。看着你的抱怨、借口、责怪在你面前坍塌。

一个摆脱了受害者情结的生命是如此激动人心。去感受其中的活力，你完全能控制自己，知道下一步该如何行动。去感受对自由的热爱，在你的体内激荡。去感恩，对你能带给生活的一切充满感激。

现在，将这一切感受集中起来，形成一个转动的能量之球。让它们和着你生命的节奏震动，将激动、活力、爱和感恩完整地呈现出来。吸纳这情感，将它喷发出来，形成无比的力量，去承担责任，控制你自己的人生。

现在，你的力量如此深沉，稳固在那片生气勃勃、充满爱意和感恩之情的活力中。将这样的情感烈焰加诸到任何创意、意愿或激情中，都会使其成为现实。

这些情感已如此美好，再将你觉醒到的新的力量加入这样的情感中，它会永远伴随在你左右。

安住在振奋中。安住在活力中。安住在爱中。安住在感恩中，你的力量会活生生地进入你的生活。

也许你感觉像遇到了奇迹，魔法，或感觉到了神圣，而实际上相当简单：你觉醒了。

第二十二章
空无的充实

金钱从来不会带来创意。总是创意带来金钱。

——欧文·拉夫林

空无是大师，充满了力量

太极大师们是令人敬畏的，他们个个都有丰富的经验可分享。太极通常被称为向内的功夫，是一门从能量、勇气、力量中产生的道家艺术。

太极大师们每日的训练不是激烈的对抗和拳击。他们的日常训练是一种缓慢的舞蹈，每一个动作中都蕴含了这种内在的力量。

他们空无，因此能充满力量。

有录像显示，太极大师用这门向内的功夫，只轻轻一推，就将人从屋子的这头直推到那头。那是因为他们储存了那么多潜在的能量，他们的每一寸骨肉都充满了力量，只要随便使出一分，都会像飓风那样排山倒海。

那的确很让人兴奋，不过并不是重点所在。

你要知道，他们不是用力量在对抗。他们用空无作战。你甚至都不能称之为作战。他们只是自然地反应，顺势而为，任何击向他们的力道都会遭遇到相对的……空无。

他们是活生生的古代阴阳之道的示现，刻画出相对两极之间的舞蹈。光明与黑暗互相缠绕，之间并没有截然的界线。黑暗中有光明。光明中有黑暗。它们二者一体，却又是两极。

当攻击者用力击向太极大师们时，后者只是避开，用力量的另一极：空无，来相应。

攻击者的力道在仓促调整势头的时候，自己绊倒了自己。而大师尽管充满了力量，却不需要使用蛮力。

作为觉醒的百万富翁的你，可以将这一古老的艺术用于每日面临的挑战中，也可以用来对付潜伏在你自己心中的挑战。

你的一生都要和深藏于潜意识中的各种想法鏖战。受害者情结只是其中之一。在你日常行为中，它们都不易被显意识察觉。但只要你去看，你就会看到。

它们在你的习性中。它们在你的观点中。在你的反应模式和评判标准中。在本能中。你的情感反应中。受害者情结的确是潜意识中的大魔头，但还有其他许多魔头同样需要你去战胜。疑虑，恐惧，自我伤害……

你的疑虑来自于你受限的信念。恐惧来自于你头脑的防卫。自我伤害来自于自相矛盾的意愿。

它们不会因为你不想要就消失，但如果你遵循太极之道，这些潜意识就无法控制你。

当你感受到受害者情结，不要对抗。你空无。

当你感受到自我怀疑，不要对抗。你空无。

当你感受到恐惧时，不要对抗。你空无。

当你感受到自我伤害时，不要对抗。你空无。

在你重建和金钱关系的过程中，受限的信念会阻挠你，头脑的防卫会碍手碍脚，自相矛盾的意愿会让你跌跌撞撞。一旦你决定对受害者情结开战，你就要做好准备了，因为你的潜意识会开始造反。

但是，像太极大师们那样，你不对抗，不还击，不顶回去。你只是空无。像太极大师们面对对手时一样，空无。

对疑虑，你理解。对恐惧，你慈悲。对伤害，你镇定。让疑虑消失在你闭合的耳朵处。让恐惧消解于爱中。让伤害驯服于你展现的力量下，但绝不是蛮力。

你不对抗，不还击，不顶回去。你只是空无，继续行动，当你的力量越来越大，潜意识中的魔头就日益虚弱。你会向前进的。

第二十三章
三大原力

哦，金子！我仍是爱你胜过纸币，
那一沓银行钞票简直像团烟雾。

——拜伦爵士

三大原力之光

你摆脱了受害者情结，充满了力量——那么现在该干吗？你准备把力量用到哪里？

如同那些太极大师，储存起来的内在的力量是潜在的能量。觉醒的百万富翁明白这样的能量一直都在，在等待最需要它们的时刻。你的能量是燃料，准备着启动三大原力，让你成为觉醒的百万富翁，这三大原力是：激情、目标和使命。

对某样事物深切的热爱和渴望——激情。

一项明确的目的，成为你活着的原因——目标。

激情和目标相结合成为召唤和事业——使命。

你的激情在哪里？你的心在哪里，激情就在哪里。它在你热爱做的事情里，爱去研究的东西里，爱琢磨爱讨论的那些东西里。它让你快乐。在你有了时间、金钱、自由之后，你想做的事情就是你的激情。

　　每一个觉醒的百万富翁的心中都有激情。你做的每个行动，下的每个意愿，造的每个梦想都充满激情。

　　具体什么事情并不重要——修车、做菜、电子、陶瓷、高尔夫、疗愈、旅游、养猫、养狗、养蜥蜴、养火烈鸟、护理草坪、城堡、园丁、开飞机——什么都行，每一样激情都可以是通往觉醒的百万富翁的道路。

　　你不知道如何找到那条道路？那就让道路来找到你吧。你只是开放，空无，倾听直觉的声音。你静静地坐着，感受你的头脑、你的心和灵魂走向哪里。它们总是要回到某个地方，你就朝那里去。

　　激情所在之处，是全然的欢欣，是振奋，是热情。

　　每一项使命都伴随着热情。每一位觉醒的百万富翁都拥有热情。它是你灵魂的工作，是你精神的表达，展现了你真实的目标。激情会导引你找到目标。

　　在深入考察激情的过程中，你会发现耐人寻味的空白处。你会发现在你激情的领域，有未开发的地方。市场有未覆盖到的地方。某些方面没有人探索过。有的书还没人去写。缺乏交流平台，也许应该有个网站？其他同样有激情的人的需求和渴望等待满足，也许应该做点生意？你的激情就是去填补这些空白。

　　或者你会发现有遗憾。你会发现某些信息未提供，培训很薄弱，了解的渠道很贫乏，需求很难满足。你的激情就是去弥补这些遗憾。

　　或者你会发现自己激情所在的那个领域一直停滞不前，裹足久矣，缺乏新意，没有热情和主张，缺少行动。你的激情就是将新的活力注入其中。

在这些机遇中，你的目标渐渐成形。你要做的只是去问自己：如果……会怎样？如果有更好的办法会怎样？如果有更多的人了解会怎样？如果有更方便的途径会怎样？如果有还未找到的解决办法会怎样？

这些"如果……会怎样"问题会让目标明晰起来，让你的激情有了具体方向。跟着它们，你就会有事业，有道路……有使命。

把激情和目标结合起来，你就可以开始发挥作用了。

你的事业、努力、天赋，都和使命紧密相连。

导引激情，找到你的目标，建立你的使命。

现在，你已经完全具备了觉醒的百万富翁所具备的要素……拥有激情、目标和使命。

这是觉醒的百万富翁的灵魂。你的灵魂在生活中活跃起来。

那么，在这上面加上金钱……

第二十四章
金钱之魂

他们觉得我疯了，因为我不愿将我的时间换成金子；
我觉得他们疯了，因为他们认为我的时间是有价的。

——卡里·纪伯伦

金钱中的灵魂

结束和金钱的虚妄战争，结束受害者情结，活在与金钱健康的关系中，这是一回事。将你灵魂中的精神赋予赚来的金钱上，让它焕发出自己的目标和使命，这是完全不同的另一回事。

这就是觉醒的百万富翁赚钱的原因。这是我们为什么要做生意，建立机构，服务客户，获得金钱：因为你的激情、目标和使命赋予金钱意义和方向。你因此而投入时间、精力和诚意去发展自己的事业。因此可以说创业者精神是觉醒的百万富翁之路的基石。没错，你是能通过找份好工作或开源节流来赚钱……但你的时间、精力都用在实现他人的激情上了，你自己的激情和目标因而受抑。

你不是那样的人。你要建立事业，因为你的使命要求你如此。

是的，觉醒的百万富翁可以生活得舒适、豪华、便利。照顾好你自己不会让你缺少力量、激情和使命感。

但你不会把钱全花在自己身上。你不会把钱藏得牢牢的，让它不见天日。你让它带上你灵魂的使命……然后你把它用于工作，让钱真正起作用，让钱去提升你的使命，去发挥你的影响力。

我们举实际生活中的现象为例吧：

在企业家环境中出现了名为社会企业的新现象。这样的公司以使命为圭臬，它们的宗旨是既要改变现状，也要获得利润。驱动它们的动力是解决社会问题。

社会企业不是非营利组织。它们的架构和营利性公司一样，它们的目的是改善社会状况，解决社会问题。举例来说，你推销一项产品或服务……你盈利的一部分直接用来解决某个社会问题。

你的生意能雇用需要工作的人们，单亲妈妈、残疾人士、退伍老兵、重回社会的刑满人员。

你的生意联结起某个非营利组织和其他营利性公司。你帮助它们建立起它们自身没有的三赢关系。

或者你的生意不仅仅属于你，还有其他拥有者，同样给客户、雇员及服务对象带来利益。你所能创造的有无限多的可能性。

不管你的激情是什么，都有可能赚钱。

不管你的目标是什么，都有可能做成生意。

不管你的使命是什么，都有可能将你的钱转化成灵魂的影响力。

不要只是革新你和金钱的关系——革新你的观点，去明白金钱能如何帮助你灵魂的工作。这是觉醒的百万富翁的创业者之路。

第二十五章
对你投资

如果你寄希望于通过有钱来获得独立，那你永远别想独立。

这个世界上人能拥有的真正的安全感来自知识、阅历和能力。

——亨利·福特

投资

没有所谓的完美。没有所谓绝对的觉醒的百万富翁。

你永远会成长。你永远在不断成长，一旦你停止了成长，你就从觉醒的百万富翁之路上撤出了，必须回到那里。你必须成长才能繁荣，正如你只有呼吸才能活着。

觉醒的百万富翁是不断成长的，这凸显了你已经明白的深刻道理：这个世界永远在变化。实际的生活一刻都不会停滞。没什么东西会永远不变。我们周围的一切都不停地崩坏、重生。变化是唯一的常态。

你必须和周围的世界一起变化。你的使命要适应新生的现象。而你自己，作为人，必须时刻成长，去应对你所面临的进化要求。

我们听说有人不喜欢变化，你不是那样的人，那不是觉醒的百万富翁。你拥抱变化，你的生命就是不断成长。成长激动人心，变化带来挑战。那是你的灵魂在不停地伸展，延伸。

但你这样做这不仅是因为必须，而是出于热爱。培养你对成长的热爱吧，你会体验到前所未有的充实。只要你愿意成长变化，你会眼看到你的不同，今天的你和昨天的你，一周前的你，一个月前的你，一年前的你……十年前的你。看到这些变化只会让你更充满力量。你在不停变化，你经历的变化立刻就能被你看到，立刻会起作用，并在未来产生长远的影响。

只有通过成长，觉醒的百万富翁的公式才能成真。没有成长，灵魂和金钱结合在一起什么都不会发生。它们不会共同演化。但如果加上成长的精神，公式就仿佛深深地吸进氧气，可以大显身手了。

灵魂＋金钱＝更多的灵魂＋更多的金钱——当成长加入其中。你是这一切的核心——你的成长告诉你该往何处走。没有你，就没有激情、目标和使命。没有你，使命根本不存在。你让使命出现，是你给它燃料，就像一切燃料一样，需要进行补充。那就是为什么你必须成长——喂养你的灵魂，让灵魂喂养使命。

所以你追寻新的经历，因为那就是成长。你去上课，因为那就是成长。你去找导师，因为那样可以更快地成长。你休息，是为了明天更好地成长。你冥想，重新补充能量，让你可以更统合地成长。你娱乐……因为只有适当地放松才能让上述一切持久。

所以，问自己：如何才能进步？如果你不知道，去找出来。如何才能重塑自己？如果你不知道，去实验。如何才能知道是否有可能？如果你不知道，去尝试新事物。

你来这里，是因为你想发挥影响力。你渴望让世界变得更好。

你渴望改变世界，疗愈世界，提升世界，进化世界。

你行的。

但是你能做到什么程度，要看你能成长到什么程度，能变成什么样子。看你是否愿意不停地发现。完全置身于不断成长的生活方式。坚持不断地演化——不是因为你不得不，而是因为那本身就激动人心……觉醒的百万富翁热爱激动人心。

无论在你的个人生活中，在事业上，在家，在关系中，和亲人一起……你都要坚持进步、重塑、不断发现。

不停成长的生活方式……那是觉醒的百万富翁的生活方式。

第二十六章
内在的指引

人们拥有快乐念头的最佳方式是细数赐福，而不是数钱。

——佚名

你的指引

金钱、灵魂、力量、激情、目标、使命、事业、进步、重塑、发现。对许多人来说，仅其中的一项就够压垮他们了，可是你不会，你是觉醒的百万富翁。

为什么？

因为你有秘密武器。在理智之前，在批判式思维之前，在计划之前，在眼花缭乱的行动之前，有简单明了的办法，让你有力量将所有这些融会贯通，那就是直觉。

你的直觉是你的指引，你的指南针，你的决策器。它自会有坚决的行动，不需要专门的技巧。你只需要聆听、行动。

现在，就在这一刻，你的直觉正在和你说话。你听到了吗？你刚看到你想攀登的顶峰，刚发现你的激情能结出怎样的果实，刚想象到你的使命会带来何种影响力，你的直觉已经开始去寻找能实行的最佳途径了。

所以你用不着地图或计划。有时候你需要写写画画，将你的选择列出来，但那只是为了更便于直觉去引导你。在直觉的照耀下，金钱会被找到，灵魂得到滋养，激情会塑造成形，目标和使命如有神赐，事业会运行起来，进步自然而然，重塑毫不费力，你发现这成了你的第二天性。

你的直觉是你的指引，就让它成为你的向导。千万不要屈服于所谓的正统的路。正统的路没有灵魂，没有精神，也没有冒险。正统的路也毫无必要。你的直觉自会照顾好一切。

你要做的不过是拥抱你遇到的任何情形，去聆听下一步你该做什么——然后行动。向前走一步，直觉会知道如何迈下一步。来到岔路口，直觉会为你指路。面对挑战，直觉会让你顺利度过。

你无法直接碰触直觉。你不能刻意激发起直觉。你只是让路。你只要去倾听直觉已经告诉你的东西。你看着眼前的一切，下一步自然就出现了。你的直觉会指引你。你静静地坐着，让你的心自在，精彩的主意自会出现。你的直觉会帮助你。带着你的激情去看世界，你的使命会清晰起来。你的直觉在给你灵感。

如果你觉得感受不到直觉，那并不是因为你没有直觉。你的直觉一直都在，充沛而活跃。你应该做的是安静下来，不动，然后聆听。

花点时间去休息，躺下来，思考，去丰富自己，去冥想，让你的头脑自由自在。你的直觉就会出现。

你没有关闭逻辑思维，你没有停止考虑和审视，你也没有将批判性思维阻隔在外。很多时候逻辑、思虑、审视、判断都是非常重要的。你是让直觉做最终的决定，直觉将头脑、灵魂、想法、情感、激情、努力等一总包括在内，无一遗漏。你的直觉和答案在一起。去聆听，一旦你听到，就行动。

信任那即兴发挥的大师。直觉下的决定都以即兴的形式出现，即兴就是直觉在行动。即兴不只是当即做出决定，它是将你直觉所做的决定展现出来。

其实你是知道这样的即兴精神的。当你和人交谈时，是即兴的。当你在陌生的城市逡巡时，你出自即兴的本能往左或往右。你越是沉浸在由不断的即兴带来的沉醉中，就越是灵动，越能走得更快。

跟着你的直觉，跟着这纯粹来自灵魂的指引，跟着这敏锐头脑的精华。放松，跟着就行。直觉会将你的决定送到眼前，你将即兴地踏出你的步伐。

当你跟着直觉时，会有特别的信心，这样的信心在你看到自己行动的结果时出现。当你看到直觉是如此准确地指导了你的行动时，更多的信心生发出来，让直觉之歌更加嘹亮。

可是，要是你空无了，安静了，聆听了……却什么也没听到，怎么办？

那就随便迈出一步，随便怎么迈都行，将一只脚踏在另一只脚的前面，就这么简单，不去想该往哪个方向迈，怎么迈出。顿时，你的直觉就会出现，不仅因为你需要它出现，更因为它从受限的条件下释放了。此时你根本不知道下一步怎么走，因为你根本不知道自己要往哪里去。去拥抱那样的感觉，你的直觉就会到来。

在这个过程中，你收获的不仅是对方向掌控。你还找到了一种你从不曾了解的勇敢：你敢于尝试任何疯狂的挑战。你现在可以做别人不会去做的事。你能做别人觉得疯狂、危险的事。

之所以找到了这样的勇敢，是因为你确信直觉会带领你走过任何情境。

没有什么挑战是直觉应付不了的。这不是说所有的挑战都会变得容易。也不是说你有了护身符，可以水火不侵。但是，只要有解决挑战的办法，你一定会找到的——基本上肯定是有解决办法的。

大胆地去行动，勇敢地行动，快速行动，正大光明地行动，意向明确地行动，毫不迟疑地行动。去担风险，去做他人所不为之事。

然后记住跟着直觉，跟着这觉醒的百万富翁的秘密武器，去找到你想要的答案。

第二十七章
如何开始

对于赚钱，我们应该如参加游戏一般踊跃。

有钱的好处那么多。没有钱的话，我们处处受制。

——鲍勃·普罗克特

一场运动

到了最后一章了，不过真正的冒险历程才刚开始。

我想将一项特殊的使命交予你的手中。只有在觉醒的百万富翁的手里，这使命才会成功。这项使命既饱含灵魂的光彩，也充满无比的欢乐。这是项不容耽搁的使命。

我交付给你的使命是，请和我一起发起一场运动。这场运动不是只为你或为我，它要广大得多，是这个急需变化的世界所呼唤的。

和大多数人一样，你翻开这本书的时候心中自有想法："这书对我有用吗？"这个想法决定了你会读下去还是把书扔到一边。

这样的想法无可厚非。你也看到了，这书对你很有用。你知道了可以和金钱建立全新的关系，精神的力量和财富的兴旺是相结合的。你可以进化，变得有力量。激情可以转化为利益，激活直觉，让它成为终极的指导。你可以觉醒。

仅仅知道这些，本身已经够丰富了，只要你愿意，它也一直能影响你，可是，既然你已经和我一起走了这么远，我已经向你揭示了你自己生命中那一层层的痛苦和挑战，你可能惊讶不已，作为一个已经开始成长的人，你是不会无视这些的。

你发现了自己头脑中进行的精神分裂式的战争。你发现了自己和金钱的关系是那么腐朽。你也发现了至今为止受害者情结为你生活带来的灾难。你发现了从自己的家庭、友人、社会处承袭来的固化信念大大阻碍了你。你更发现了自己灵魂层面的诉求和实际生存层面的分裂。

我在这里描绘的世界是病态的世界，充满匮乏、受害者情结、痛苦，我们被想象出来的敌人蹂躏于股掌之中，想象出来的邪恶敌人真的能造成巨大的浩劫。

你读这本书，是想将激情转化为利益。你读这本书，是想体验到百万富翁的富裕。你读这本书，是想觉醒，进化。你读这本书，是想弄明白精神财富到底是何物，而我，在你心中播下了种子，可以将你带到目的地，甚至更远。

然而，我还想播下最后一颗种子——一场觉醒的百万富翁运动。

在这场运动中，再没有"对我有用吗？"的问题，而是"对我们有用吗？"

现在，你停一下，看看当下的你。我已经给了你觉醒的百万富翁的关键力量。如果你接受了这份力量，珍惜它、滋养它、追随它，那么你所有的激情、发达和利益都会到来。

可实际上我不是为你做这些的。我不是只为你而讲述这条道路——我是为我们。你学习如何摆脱受害者情结，学习如何负起责任，这会让你越来越有力量，以至最终觉醒。巨大的责任让你产生了巨大的力量，不过巨大的力量反过来也意味着更多的责任。

你现在有力量影响他人。你有转化的力量，你可以启动进化的力量，可以制造超越的力量。你代表了觉醒的力量。

我希望你能用那样的力量提升你自己，去体验你自己的精神与财富双丰收，可是我不希望你将力量仅用于自身。我给你力量，是让你传播给其他人的。我给你力量，是希望你能治疗这个病态的世界，解除受害者情结，革新与金钱的毒化关系，调整精神需求和生存需求之间的矛盾。我给你力量，是让你可以成为带来变化的使者。

看看你周围的世界。发挥你的想象力，深入体会一下此刻你周围万千生命的状况。人们是多么需要像你这样拥有如此力量的人，觉醒的百万富翁的力量。你的影响力可以提升我们所有人，你的影响力必须提升我们所有人。那是对觉醒的百万富翁的召唤。

为什么我们这么容易对自身和他人的痛苦视若无睹？为什么你总是被金钱的邪恶面所侵扰？为什么你深陷潜意识的受害者情结，却无力还击？

我们无视痛苦，因为我们觉得自己无力，我们感觉自己无法控制，我们觉得无法改变现实。你现在还那样觉得吗？

如果你仍然感觉如此，那我的使命尚未完成。因为你理应充满了新鲜的力量，找到了灵魂深处的目标和使命，并因此而满是敬畏，也转化了和金钱的关系——它曾是你的敌人，现在是你的盟友。

更重要的是，你应该拥有了一双崭新的眼睛，如此明亮，能够看到眼前事物的本质，而不是只看到映在墙上的影子。

我再深入一点。暂时想象一下，你有魔法，可以看到、体验到并深深地感受到你所在的小镇或大城市里所有人的生活。想象你过着他们的日常生活。想象他们跟金钱的对抗纠缠，他们脸上的沉重压力，和绝望的无法动弹的感觉。想象他们的每日人生是怎样深陷在受害者情结中，从各个方面散发着受害者的味道。看到这些为赚钱所做的挣扎，为生存承担的压力，受害者情结，分裂冲突犹如能量的牢笼，围困住他们。他们走到哪，那样的牢笼就带到哪。

想象他们无论走到哪里，都散发着牢笼的气场。每个人都将受害者情结带到他们走到的任何地方，所到之处遍布压力、挣扎、对金钱的分裂态度。

现实和你刚才所做的想象相差无几，你就是这些人中的一个。问题在于我们认为自己活在孤立封闭的气泡中。我们所感、所想、所见都是自己的事。它只会影响我们。是的，它还影响我们的朋友、家人，我们所爱的人。不过说到底它只影响我们自己。

这是错的。这种自我为中心的态度糊涂而目光短浅，实际情况根本不是这样。我们本质就是强大的生灵，我们会把感受到的、想到的看到的一切都散布到每一个所到之处。我们到处散发出受害者情结，散发出我们的辛苦挣扎，也把每日的压力全部散发出来。我们不是有意如此，但事实就是这样。

我们面对的邪恶不是金钱；这你现在已经知道了。真正的邪恶是我们无处不在的痛苦，污染了周围的场域。

希望是有的，我们就是希望。我们——觉醒的百万富翁，就是希望。

我想要你成为那个角色，成为希望……现在我来完成最后的画卷。

我要你想象自己已经是觉醒的百万富翁。我要你想象你已重获新生，拥有激情、目标和使命。我要你想象自己从头到脚焕发出那样的力量。我要你想象，这样的力量比你以前曾有的任何痛苦都更有感染力。

如果你带着这样的光芒过你的生活，介入社会，把觉醒的百万富翁的力量散布到你周围，会发生怎样的变化？

我们大家会经历怎样的转化？如果你开始以觉醒的灵魂和使命赚钱，你会带来怎样的影响力？你会转化多少人的生命？

实际上我们还能深刻得多。

你能帮助多少人觉醒？能让多少人明白真正的力量和责任的本质？能让多少人得到提升，加入觉醒的百万富翁的行列……不是通过传教布道的方式，而是通过你自己的本色行动？你有能力成为怎样的善的力量？

我说的是，你能够成为无限巨大的力量，现在你不过是刚尝试到了一点点滋味，你有责任分享这样的力量，随着它转化，传播丰饶富足。那是对觉醒的百万富翁的召唤。那是更伟大的使命，藏于你个人的使命之中。我要呼吁的就是这样一场崭露头角的运动。

我希望你富足。我希望你得到想要得到的钱。我希望你用激情和灵魂来运用你的钱。我希望你能体验到你渴望的冒险和豪华。我希望你快乐，一次又一次地，品尝到这样的富足能带给你的自由与快乐。

然而，我想让你问自己："这对我们有什么用？"

我希望你成为领军人物，去全身心地投入，消除痛苦这一邪恶。我希望你遵照"觉醒的百万富翁守则"去生活，这样你就能发挥出只有觉醒的百万富翁能发挥的影响力。

我希望你与我同行，不只是在灵魂的富足上，更要能产生影响力。我的朋友，我就在这里等候你。你愿意加入我吗？该你采取行动了。

终　章

　　你走在高大的常青树林里，脚下的松针软软的，你听到身后传来隐约的响声，像是打雷，或枪声———一出悲剧中激愤的台词。

　　你平静安宁。

　　片刻之前，你还心怀掉队的负罪感，心中还满是对敌人的恐惧。现在，那一切是多么遥远。你不知道为什么会这样，你不需要知道。

　　你脸上泛起微笑，干结在皮肤上的泥巴掉落下来。你觉得你已经好多年没有笑了。你继续向前。

　　你将满是水泡的手在皱巴巴的树皮上蹭，你的脚跟感觉到凉凉的雾。你温柔地走着。

　　远处，明丽的亮光射入树冠层。你看到了树林的边界，当你走到林边，你发现雾退回了森林深处。

　　在你面前，一张张和善的笑脸在欢迎你。不过，最打动你的是他们那干净的衣服上散发的气味。干净衣服的味道，那是被坚硬的战场所遗忘的味道。多么迷人的味道。

人群围住了你。人们伸出手臂欢迎你，他们的手上都有曾经的水泡印记，很淡。

"欢迎，"其中的一个说道。

"欢迎回家，"另一个说道。

一个女人走上前一步："我们一直在等你。有好多东西等着你呢。"

在那一瞬间，清明降临。

"我知道，"你说。你停顿了很长时间，再开口说出的话让你不敢相信："我得先做件事情。"

你低下头，轻轻地摩挲着大拇指上的水泡。手背上阳光暖暖地照着，那么舒适。干净的衣服的味道那么迷人。你多想睡觉……

你深深吸一口气。你慈悲地笑了，心中一清二楚。你转身，重新回到林中雾里，那隐约的枪声在召唤你。

曾经和你一起战斗的人仍然在那里，对着被打得七零八落的树木无望地开火。他们不知道为何而战，但他们拼命战斗。

他们是好人，你要把他们带回家。浓雾吞没了你，隐没了你脸上的微笑。

你们会回来的。

/超值附录

觉醒的百万富翁的祈祷词

（出自《秘密祈祷》，作者乔·维泰利）

感谢你。感谢我所知和未知的一直支持我的一切。感谢我的生命，我的存在，我的心智、灵魂，和我向善的愿望。感谢我有栖居之所，有收入，有创意，有能量，也有意愿去取得成功。感谢这个星球，让生命活在我体内和周围。感谢我的亲人和先辈，他们将善良传递给了我。我的感恩无以言表。我的身心皆沐浴在这深厚的感恩中，对造就我的一切，我都感谢。

我祈求金钱和觉知的能力，让我能将激情传播到这个世界，既能带来利益，也能改变世界。我祈求能明示我如何达成我高贵的目的，也赐我智慧和意志去照此行动。我祈求我的健康和财富不仅能帮助我和家人及朋友，更能帮助整个社会，帮助整个世界。我祈求这一切，甚至更好的，能来到我的生命中，向着至善转化我们大家。

我发誓，凡降临在我生命中的创意和机遇，我都一一给予积极的反应和行动，对我的灵感、直觉和智慧，我必郑重对待，因为我深知，做好自己在世间的分内之事方可造就有益于我及众人的结果。

我将聆听，行动；反省，前进；因为我深知行走的每一步都既是过程，也是目的。

我，觉醒的百万富翁，抱持的理想是：建立那样一个世界，让人们可以在爱、和平与激情的基础上工作、创造。

唯愿如此。即是如此。感谢你。

富足宣言之十大原则

1962年，本·斯威特兰曾写道："这世界上有的是富足和机遇，可惜面对生命之泉，太多人带的都是筛子，而不是水罐车……或者是把小勺子，而不是挖土机。他们期待不高，自然得到的少得可怜。"

你呢？你准备用什么容器来装生命的泉水？

无论如何，我都希望那容器足够大，配得上你，因为你值得。然而对很多人并不明白他们值得。他们不知道自己生来就有权享有生命所提供的一切。

你一出生，就值得拥有一切。

然而，又是什么阻碍了人们得到那本该属于他们的富足？

我认为答案在下面将要阐述的十大原则里。最初我是在博客里写下这些的，后来发行了有声版本《富足模式：从吸引力法则到创造法则》。在这十大原则中，我讲明了你个人如何致富，如何为这个世界带来财富，也讲述了我是如何从无家可归的流浪汉变成身家几百万的富豪。

当然，富足不只是有钱，我下面的这些理念比你以为的要震撼得多。

富足是指生活在一个充满可能性的世界中，对那些吸引你、激励你的可能性，可以无碍地说干就干。能阻挡你的只有一样——你自己的心。幸运的是，你的心是可以改变的。

在本书附加的"富足宣言"部分，你可以扩展你的心量，足以容纳世上所有美好事物——扔掉手中的小勺子吧。

永远扔掉。

介绍
富足的十大原则

富足不是我们要去求取的东西。

富足是我们要与之协调的天然存在。

——韦恩·戴尔

每个人都会在某些方面特别富足，可是最关键的是你首先要意识到这一点。

生命是富足的，简单明了。

如果你不赞同，或者感受不到，那是因为你暂时封闭了这方面的意识。

本书的目的就是让你意识到，意识到自己是怎样隔绝了对富足的感受，也让你意识到我们是可以接触到富足的。

下面每一章都专门讲解一个原则，章节末尾配有练习，是对本章概念的补充。我建议先通读所有十大原则，然后再回过头来每天重读一章，将那一章的原则作为当天的重点。这样全部结束之后，再重复，至少持续三十天的时间。

最终，富足会渗透到你体内的每个细胞，成为自然而普通的存在。

你会发现富足从来都在。你的追寻结束了。

原则一
你当看到另一种现实

当你心怀感恩时，恐惧消失，富足呈现。

——安东尼·罗宾

任何时候，你都能选择。你可以去看自己的受限，也可以去看自己的富足。

生命是场选择性的幻觉。你所见的，由你心所造。

而你的心受制于你的预设。我们绝大多数人都被预设了消极感受机制，无论是教育、父母还是周围的一切，都教会我们去看现实的匮乏处。

然而现实同时也是富足的。

比如那张著名的十九世纪的绘画，你看到的是一位老妇人，还是位妙龄女子？这取决于你关注的焦点。放松你的视角，你看到这两位女士同时存在。

现实也是如此。

是时候了，不要再从匮乏和恐惧的角度去看世界，世界同时也可以从富足和爱的角度去看待。你可以选择。让你的眼睛看到崭新的世界。

练习

想一个过去曾困扰过你的事情，可以是一段结束了的关系，一份失去了的工作——然后问自己如下问题：（我用"它"的地方，请酌情替换成"他"或"她"。）

- 当时你是怎么看待它的？你的关于它的故事是什么？
- 是什么让你感到消极？
- 现在想想你目前状况。你回顾过去，从那番经历中吸取了什么积极的益处？
- 在当时它起了什么作用？扮演了什么角色？
- 因为它你现在享受了怎样的积极作用？你从中学到了什么？

现在想一个目前正困扰你的事情，思考同样的问题。

- 你是怎么看待它的？你的关于它的故事是什么？
- 是什么让你感到消极？
- 从这番经历中你吸取什么积极的益处？
- 它起了什么作用？扮演了什么角色？
- 展望未来，你能从这件事得到什么益处？

　　人说后见之明是最有洞察力的，因为隔了一段距离去看，看得最清楚。不过我们不一定非要等很久才能看到事情带来的益处，我们可以在当下就看清富足。

原则二
你应当崇拜激情

我从不做生意赚钱——

我只是发现如果我玩得开心，钱就自动会来。

——理查德·布兰森爵士

建立在匮乏视角上的世界，崇拜的是金钱。

建立在富足视角上的世界，崇拜的是激情。

当你全神贯注于自己激情所在，金钱自然滚滚而来（当然你同时还得遵循《富足宣言》的另外九大原则）。激情指的是你从事自己喜欢的事情，觉得快乐，充满灵感。

激情是来自神的灵感能量，通过你变得活生生的。

当你展现激情时，你就展现了爱。如果你活在爱中，你就体验到了宇宙富足的本质。

把你的目光从金钱那里移开，让它追随赐福——追随你生命的召唤，你的使命。

这是通往富足的直达之路。

练习

想你喜欢做的事：

a. 你一想到做这件事，就忍不住微笑。

b. 这件事你还未有太多的时间去做（或者根本没开始做过）。

最好去想非常简单、可行的事，比如

- 独自散步，或和所爱的人散步。
- 和你的孩子们或动物们玩耍。
- 打理花园，或者编织。
- 学习并使用一门外语，或者学乐器。
- 听音乐。

接下来的五分钟，想象你在做这件事，同时将下列因素加入进去：

- 你看到了什么情景？谁和你同在？
- 你听到了什么？欢笑？讲话声？
- 你在哪里？公园？课堂？家里？
- 你能摸到什么？你手上或身体上的感觉是怎样的？
- 你感觉到什么积极的情感？平静？满足？激动？

写下一个时间，规定自己在今天或本周内去真正做这件事，要保证去做。如果这件事需要其他人一起参与，去叫他们，告诉他们你的憧憬，详细地告诉他们你多喜欢这件事。和他们定下时间、日期。

总有什么是我们今天就能做的，让更多的激情和欢乐来到我们的生活，哪怕只是微不足道的小事。重要的是我们朝那个方向迈进了。

原则三
你当交出所有收入的十分之一

划出十分之一，这是回报率最高的投资。

——约翰·马克思·邓普顿爵士

古代的什一税制度要求你交出你收入的十分之一，向你的灵感来源上贡。

给予带来得到。

给予是宇宙的本质。

当你给予时，你融入了生命的洪流。给予是富足的精髓。将你获得的任何精神养料、灵感滋润都给出去。

无视这项秘密原则，说明你仍相信匮乏，不然你必会给予。

给予，是富足最明确的表达。

练习

1、想出一个人生的领域，你觉得在那个领域自己有足够多的资源。资源可以是有形的，也可以是无形的，比如金钱、时间或者任何你觉得有价值的东西。无论是什么资源，在今天和接下来的30天里，以匿名的方式给出去。

2、记下这个月你收入的钱——你的所有收入。它的10%是多少？接着，如果你做好了准备，将这10%交给你得到精神滋养的所在。如果觉得10%太多，你可以自己定下比例。

我第一次听说这个原则时，我不敢交出我的钱，我就从给出我觉得自己不缺的东西开始——书。

事情自会滚雪球一般发展，一旦我亲眼见识了10%的好处，我就开始给钱了。这不仅让我大大增加了财富，还为我生活的各个领域带来富足。

什一税，让你获利，让你已经拥有的翻倍。

原则四
你应当保持清明的头脑

有一个谎言，如病毒般侵蚀人的心智。这个谎言是："一切都是不够的。世上任何东西都匮乏、有限、不够。"事实却是好东西多得要命，有的是创意，有的是力量，有的是爱，有的是欢乐。一颗心只要能觉察到自己的受限，所有这些好东西就能无碍地流入此心。每个人都有丰裕的供给。如果你能相信这一点，亲眼看到这一点，并以此为行动的基础，则一切丰裕都会流连于你。这才是事实。

——迈克尔·贝克维斯

心智的清明带来纯正的富足。

匮乏导致我们相信每一样东西都是不够的，富足则正好相反。相信金钱是坏东西，相信什么都是不够的，会引来自我伤害的行为，也会只顾自我奋斗。

我们获得清明的心智的方法，一是学习这十大原则，二是通过审视曾经的对抗和匮乏，来解析固有的心智结构。

一颗清明的心不再是一个受害者，而是与你携手创造的助手。对任何情境都不再是对抗性的反应，而是清醒的响应。不再迷失，而是清晰。

练习

大多数人都会将金钱与富足相关联，所以这个练习里我们用金钱为例。不过，不要仅限于金钱，任何你希望改善的生活中的面向，都可以拿来练习。

写下你这个月挣的钱。

将这个数目乘以二，写下来。

问你自己："我能创造这么多财富吗？能收到这么多钱吗？"

如果答案是"可以"，继续翻倍，继续问同样的问题，直到你回答"不能"。

此时受限的信念就开始浮出水面了，比如说："我挣工资的，没法得那么多钱。这不现实，钱又不是树上的果子。这也太多了，这太难了。目前的经济无法让我挣这么多，不可能。"

记下你的答案。觉知开始进行改造的过程了。

这些答案都不是真的——它们是出于匮乏的信念。都是受限的、消极的信念。有时候，简简单单地问自己："我真的相信那是不可能的？我真的相信不可能再多挣些？"那些信念就会烟消云散。一旦你对这些信念质疑，它们对你的控制就松懈下来，你就有可能获得更多。

原则五
你应当从更高的层面做决定

只有从大爱中才有富足的生命。

—— **阿尔伯特·哈伯德**

小我（Ego）拒绝爱和原谅。

小我是自我创造并维持的幻象。它造成破碎的家庭，破碎的梦想。

做每个决定时，你都可以选择：是出于爱，还是出于小我。大多数情况下你都选择了小我。更高的层面是选择爱。

当你可以做选择时，问自己："更具有爱的决定是哪个？"

选择爱。

练习

　　闭上眼睛，想象你所爱的人都围绕在你身边。感受他们对你的爱，你对他们的爱。现在尽你所能扩展那个感受。在这样的爱的空间，去想一件你想改变的事情，你想改变，让生活更好。包围在这样爱的感受中，被所爱的人围绕，向他们解释你想做怎样的改变。告诉他们你已做的努力和改变，以及你觉得自己犯的错误，自始至终让他们爱你。在心里想象自己沐浴在他们无条件的爱中。

　　在这样的爱中，再度考虑那件你想改变的事情，问自己："现在我会采取怎样的行动来解决问题？"记下你接收到的任何答案。

　　爱是通向富足的大门，不原谅则封住了此门。通过原谅，我们可以解放封闭的能量。当你原谅了自己，原谅了自己觉得错误的行为、错误的想法，你就能扩展生命，让能量继续流动。这样所有的一切都朝你打开了，爱情、健康、财富。所以问自己："我有什么地方仍心怀恶意，无论这恶意是针对自己还是针对他人？"

原则六
你应当施展神圣的激情

只要有机遇，抓住它！不管多小的机遇，抓住它！

——罗伯特·科利尔

神圣的激情给予每个人天赋，应自己的天赋行动的人，会得到富足。

创意不是凭空而来的。宇宙是富足的，充满创意。不响应你的创意，是对天赋的拒绝。应创意而行动，是信任。

那些施展神圣激情的人，会从行动中受益。也会利益全体。

这就是富足。

练习

找出一小时能够独自安静待着的时间，想想你真正想要的是什么。有一个方法能帮你找出真正想要的，就是去想你不想要的情形，然后写下理想的情形是怎样的。

把理想当成意愿宣读出来，用书面形式和话语形式表述。

接下来，对你的目标"造梦化"（Nevillize，我在《吸引力法则》一书中讲解过。）要在想象中看到你已经实现了渴望。要好像亲眼看到它就在发生。不是在未来，而是现在就在发生。你已经被疗愈，整个状况都得到了纠正。

现在，是放手的时候了，一切都随它去吧。此刻是信任、信仰。

接下来的一周，对来到你脑海中的任何直觉和创意都要立刻响应，采取行动，放心，一定会有直觉和创意降临的。它们的降临会像你打开电脑做点调研那样平常。

有信仰，表示放松……知道自己的愿望定会实现。同样重要的是，也知道自己眼下就很好。这样一种放松的能量状态，让你能够轻而易举地听到神圣的激情的细语。

原则七
你应当靠谱地花费、投资、储存

许多人以为他们是不善于挣钱，
实际上他们是不会花钱。

——弗兰克·A.克拉克

富足是靠平衡和充足来实现的。

只要你以平衡的方式花费、投资和储存，一切都不会有问题。本项原则应该和"给予"原则（原则三）相配合，给予也可被视作某种投资，而重点是一样的：只要是钱财收入，都应该分流到各个领域。

能这样做，就能保持富足的人生。

练习

在纸上画一个圈，这代表你的所有收入。

算出目前你各项金钱支配的百分比。比如，10%储蓄，10%按"什一税"原则给出去了，30%交税，5%还债，40%各项生活开支，5%闲钱花费。

把百分比画在你的圆形图里。

注意哪里失去了平衡，哪里遗漏了。比如你也许忘了存钱，忘了"什一税"，而你实际上愿意去做的。

然后按你愿意做的另画一个圆形图，把它贴在你时常能看到的地方。

你也可以只把某个方面拿来画圆形图。例如储蓄可以分为长期投资和短期投资，还有特别项目，比如度假、圣诞假、婚礼等。

使用百分比让你能简便地管理你的金钱，不管收入多少。你对金钱会更加心中有数，当收入增长时，也更明白该怎么用增长了的金钱。任何富足都需要财务上的安全与安宁。

原则八
你应当看到每项挑战背后的东西

要相信，每项需求都会被满足。

每个问题都有答案，每个层面都可富足。

——艾琳·凯迪

所谓问题，是伪装了的机遇。剥下伪装，你就看到了解决办法。

每个挑战的内核，都是解决这个挑战的方法。

匮乏的心看到的是问题；富足的心看到的是产品、服务，或解决方案。

你必须放松，不要像防备火警那样紧张焦虑，应该信任，发自内心地等候期望之事，相信它必然降临。

练习

想象你是个发明家（或者像迪士尼里面说的，"梦想家"），相信你现在要想出一个发明创造，去参加竞赛。

你可以用下面这些问题作为开始：

有什么东西不好使？你想让它怎样好使？

你要解决什么问题、麻烦或困境？

你会发明什么来让生活更方便？

接下来，你把所有的可能列出来，也写下各自的优缺点，然后想象你的发明会是怎样的形式，需要用到哪些材料。

这些问题只是发明家需要问自己的诸多问题中的一部分，不过基本上任何发明都始于诸如此类的一个问题。

在解决个人麻烦的时候，也可以运用这样的过程，只是问的问题是关于自己人生的。

发明家具有好奇的天性，总是在找问题，想要解决——问题不一定都是糟糕的。比如迪士尼，他们总在想下一个能带来兴奋刺激的创意。如果你积极主动地去探寻问题的答案，问题会变得很好玩。这是富足的思考方式。

原则九
你应当体验当下的奇迹

你从过去积累了许多负面的经验，它们成为你的参照点，用以判断新的情形，如果你能放下一切过去的参照，开始活在当下，这将是你能做的最有意义的改变，为你的人生带来最富活力的变化。

——理查德·卡尔森

当下此刻，一切都很好。

此刻即是富足。此刻即是奇迹。

看不到当下的奇迹，说明小我限制了视野。你是从恐惧的角度看，而不是从信仰的角度看。

而此刻，富足即鲜活而分明地存在，你可以毫不费力地看到下一步该如何行动，下一个灵感像微风一般轻盈地来到。一切都在眼前。

练习

看看你身处的房间，找到一件能让你感激的东西。什么都可以——你坐的椅子，冰箱，喝水的玻璃杯，或者杯中的水。

把你对那样东西的感激之处一一写下，包括制造它的人。发挥创造力，尽力挖掘你能想到的方方面面。

- 那样东西给你提供了什么？
- 拥有它给你带来了什么样的舒适？
- 它的好处是什么？
- 它有什么地方让你高兴？

富足和感恩非常相像，因为真正的感恩会让你处于当下，此时此地——富足还能存在于别的什么地方呢？就是如此简单。

原则十
你当帮助他人

只要你帮助足够多的人得到他们想得到的，
你就能得到你想得到的一切。

——金克拉

帮助他人会扩展你的世界观，将整个星球都涵盖进来。

它还能助你扩展你的能量，不再局限于小我，而是扩展到灵性层面。

帮助家人、朋友、社会、世界，这会增长每个人的富足。你越是向他人伸出你的双手，就越是能亲身体验到富足。

助人，方能助己。

练习

写下某件如果条件许可你乐意做的事情。

例如周游世界，发现更多的乐趣。

现在想象你是个创业者，不仅自己去旅游、找乐趣，更要创建事业，让自己挣钱，让社会受益。

- 你可以开办旅行社，主办乐趣游。
- 你可以周游各地，主持体育赛事。

看看自己写下的事情，想想有多少方法可以满足你的愿望——同时还能帮到他人。

我们在人生中想要的很多东西——关系，金钱，等等——都必须从他人那里经过。所以你得分享，除此没有别的办法。你在做自己爱做的事情时，越是与他人分享，就越是能自己受益。心中应有所有人的富足。

与觉醒的百万富翁的对话

（乔·维泰利所做访谈，节选自《零极限催眠财富》）

保罗·皮尔泽是两届美国总统的经济顾问，世界知名的顶尖经济学家，准确预测经济起落。他著有五本畅销书，其中包括《财富无极限》《财富第五波》以及《新财富第五波》。他的书以24种语言出版。皮尔泽创办了好几项事业，在26岁之前挣到了100万美元，30岁之前挣到了1000万美元。以下是与保罗的访谈节选：

我认为我是个科学家，是经济学家中的科学家，我是个现实主义者。我在储贷危机即将发生的时候，就是最早一批对此问题写书的人之一，预言危机将在1980年初降临，我肯定会指出即将发生的不好的事情。对整体经济，我是个乐观主义者，这种态度来自于基础科学。我是说，如果我们给财富一个定义，那财富就是建立在物质基础上的，一切我们喜欢的物理存在的形式，像房子、食物、交通、汽车等。我们会把自己拥有的东西称为财富。

传统经济学是匮乏学。要是你大学或高中读过经济，你回想一下第一年的经济课，学的第一样东西就是"经济学是关于匮乏的研究"。老的经济学家，还有许多当今的经济学家也一样，都会说供给是有限的，土地、矿产、财富、淡水、油都是有限的，只有抢了东家的，西家才会得到。我很喜欢这样的类比。而我们到底怎样从这个国家拿走财富给那个国家，或者到底如何从一个已经拥有的人手中拿走东西，给不曾拥有的人，或者给其他已经拥有的人，经济学就是研究这个的。你可以管自己的经济学叫共产主义、资本主义、社会主义，什么主义都行，但经济学的实质没变，都是关于匮乏的研究。

这让我很不舒服，我应该说明一下为什么。我父母是东欧移民，他们日子过得辛苦，总是在努力适应美国，试图理解遭遇到的一切，却又从来没能弄明白。我父亲一辈子都在工作，每周六天，每天12个小时，然后他，你知道的，他从来没能让自己家人过上他心目中的好日子，当然，他也从未能积下任何财富，只有不停地工作，直到最后一天。

他送我去读书，我后来上了沃顿商学院，学的是经济，成了经济学家。为什么？因为那些我爱的人，我父亲为首，他们需要一个明白。你怎么才能致富？我们怎么才能都富裕？可是我到沃顿我发现："这不是我们怎样才能都富裕，是我们怎样才能从另一个人那里剥夺，然后自己富裕。"因为研究经济就是研究匮乏。

后来，我开始回顾我的移民背景，从1950年开始。每次我看到空置的土地被开发，你知道的，我从小到大的时间里，长岛、威斯特切斯特一带多少荒地被开发，建立大型住宅项目。我就想："这些地方本来没人住；他们也没从别的地方硬把人赶来住。"我们家从很窄的租赁房搬到长岛，住上好得多的房子，我的亲戚们也都如此，每个人都这样。我能看到这些财富在美国从无到有，并不需要从其他人那里抢来。

我当然就开始调查研究了，然后我认识到经济学错了。经济学的基础，认为经济学就是研究匮乏，是错的。我们应该研究的理论，是能够解释实际所发生的现象的理论。我们是怎样一年比一年多地创造财富，越来越多的人是怎样分享到这些财富的。这就是为什么我在15年前，哦，不对，是17年前，写下《财富无极限》，开始原创性地建立新的理论，建立在富足基础上的经济理论，它的基础是科技有能力带给我们无限富足的财富。

再回到前面的话题，我不是个真正的乐观主义者，我是现实主义者。我所有书里面一个关键内容是，财富是物质资源乘以技术的结果。W（财富）＝P（物质资源）乘以T（技术）。W＝PxT。它并不是你有多少农地，尽管人类5000年的历史多是关于怎样杀了邻居抢他们的地。重要的是每亩地上能出产多少。

拿美国来举例，从1930年到1980年，我们的亩产翻了100倍。也就是说，1930年3000亩地刚刚好养活一亿人口，而1980年可以养活三亿人口。现在养活三亿人口所需的地更少了，因此又有40%到50%的粮食富余。财富等于物质资源乘以技术。所以最重要的不是你有多少种粮食的地，而是地乘以技术，即亩产多少粮食。

兰迪·盖奇是财富教练，写作了一系列的畅销书，包括《白手创业亿万富翁的财商笔记》。他在与我的访谈中这样说打道：

我们生活在人类历史上最伟大的时代。再没有哪个时代更能创造成功。没有哪个时代更能创造财富。从来没有哪个时代像今天这样，人能在极短的时间里从破产变成百万富翁千万富翁，可是成千上万的人没有意识到，这样的时代氛围让他们尽去买些垃圾货。他们买的都是些……他们看新闻、聊新闻，"你听没听最近的工作报告？""通货膨胀怎样了？"

要明白，你的富足和你的工作、你的老板、现在的经济形式等等乱七八糟的都没关系。那些东西都是些因素，而你的富足取决于你对这些因素的反应，这就是我为什么写《白手创业亿万富翁的财商笔记》。我想让人们真正明白，忘了那些不景气、经济厄运吧。我们活在最好的时代，要是你真有机会登上《回到未来》里的时光机器，要选择想要到达的时间，你就选今时今日吧。

你看看手机，手机应用，云技术，社会媒体，人工智能，克隆技术，生物基因工程，接下来10到15年发生的变化要比之前几千年所有的变化都大。那是多大的机遇；那也是多大的挑战；人们会紧张、焦虑、难过——我很清楚。但每一个挑战都是个机遇，你要活在此刻，就是此时此地。

布鲁斯·穆齐克是享有国际盛誉的演讲家、作家，深知如何运用心智来毫不费力地获得成功。他的哲学融合了物理学的前沿和实践灵性，为他在世界各地的学生提供了真实的成功。

也许我们要做的第一件事是将金钱和财富区分开来，我们用一个比喻来做这件事会比较方便。我要你想象金钱是蝴蝶。大多数人一生中都在拼命抓蝴蝶。他们一直都想赚钱，拿着捕蝶网到处抓蝴蝶，每天结束的时候，蝴蝶飞走了，他们带着今天捕到的那些回家，准备明天再接着干。可是一段时间后，其他捕蝶人知道这里有蝴蝶，带着更大的网来了，他们比你技术高超，结果这一天你只能两手空空地回家，没挣到钱，或者说没捕到蝴蝶。这里捕蝶人必须每天都出来捕蝴蝶。他们必须要越来越大的网。他们必须不断找到新的、更先进的捕蝶方式。

可是，乔，有钱人不会跑出来捕蝴蝶。他们做的是建造一个花园，让蝴蝶飞进来。有钱人知道，当一天结束的时候，蝴蝶会离开花园，但他们知道第二天蝴蝶一定会回来，因为在他们的悉心照料下，花园是多么吸引蝴蝶。所以，我用花园比作财富，而蝴蝶是金钱。大部分人的人生都是："我想成为百万富翁，我想发财。"于是他们冲出去抓蝴蝶，而不是先做一个花园，也就是建立财富的基础。所以我用这个比喻来介绍这一概念，现在我们来实际看一看财富是什么。

我的导师罗杰·汉密尔顿将财富定义为你所独有的不可捉摸的东西。你的财富就是你的网络。是你的资源，你的技能。我喜欢说是你的履历。是这些无形的东西——也可以说是种心智模式——你看不见的无形的东西。有钱人就算失去了所有的钱，也会看到钱一次又一次地回到他们这里。他们就是会把钱赚回来。

犹太拉比丹尼尔·拉平是畅销书《犹太人致富金律》的作者。《新闻周刊》称他为美国最具影响力的拉比之一。他曾在波音、微软、诺德斯特龙等公司演讲，也对美国陆军做过演讲。

现在你准备造吸金管道了。你心里想的是，挡住金钱的壁垒上最好有个洞，把管子通过去，让钱流过来。谁不想这样？问题是你不能强迫壁垒那一头的其他人主动钻洞，把管子塞过来，让钱流向你。所以你唯一能做的就是从自己这一头钻洞。

怎么钻？

用你的钱钻出去。你用你的钱挤出洞来，管道就建好了，只要管道有了，钱就会流进来。最能确保建好管道的方式是，用你的钱去突破。

还有，你仔细想想，没有什么比给钱更能建立社会联系的了。这就是为什么美国最小的镇上都会有扶轮社，大一点的城镇就会有各种各样的慈善机构，剧院、乐团等各种慈善机构。那些东西干吗用的？说穿了，你真觉得威奇托人那么热爱音乐非建一个乐队不可？也许乐团董事里的确有音乐狂，不过多数董事会成员还是为了大家有个能聚聚谈谈的机会。因为人们觉得如果你愿意拿钱出来，说明你真想和人联结，这一点很关键。就是因为这个。

所以再唠叨一次，无论你是不是像我一样信仰《圣经》，我都得告诉你，从你收入中拿出十分之一去布施，真的再好不过了。从我这边来说，我觉得上帝太棒了。他让我使用90%的收入。至于那10%，根本就不属于我。这里面有种美。当我把那部分钱给出去，我帮助的是我自己，超过帮助其他任何人。

比尔·巴特曼在七个不同行业建立了七项事业，资产35亿美元，其跨国公司雇用了3,900人，而这一切都始于他家厨房的桌子，外加13,000美元的贷款。他被纳斯达克、《今日美国》、美林证券及考夫曼基金会评为年度全国企业家。他的公司连续四年跻身于《Inc.》杂志的美国增长最快的500家企业。他在史密森尼学会美国历史博物馆被授予永久的一席之地，作为21世纪优秀的学术成就者，他被授予美国学术成就学会金碟奖。然而，他曾经是个无家可归者。

说到钻洞，我倒是有个小巧至极的钻头，你需要的不过是一张纸，一支圆珠笔。一点也不高端，也没什么灵光仙气。

如果人们愿意屈驾拿出一张纸来——我这会儿慢慢说，好让他们现在就有时间去拿纸——在中间划一道横线，左手边写下"失败"俩字。在这俩字下面，把你每一件做砸的事写下来。每一个错误，每一次错误的地点错误的时间发生的错事，每一桩他们希望没有发生过的事情。我不是要让人难过，不是把你拖回痛苦的记忆里，也不是揭你的伤疤。我只是让人们去想在他们的人生中发生过的真正糟糕的事。花点时间去做，相不相信，他们很快就能挖出一大堆伤心事。

然后我让他们在纸的另一边写下"成功"。把所有你做对的事儿写下来。如果失败是指搞砸了，办错了，那么就应该去想每次你没犯错，把事儿弄对的时候、积极的时候。把所有你做对的事写下来，所有你让人高兴的事，让人骄傲、让你自己骄傲的事。

要是有老师曾经拍拍你的头，要是你妈妈曾经把你的成绩单自豪地亮出来贴在冰箱上，或者你曾经第一个触过终点线，你曾经比别人多卖过几块小饼干。我说的不是什么找到治疗癌症的方法，或得到了诺贝尔奖，我只是说你做对的事。我们来看结果如何——我已经上千次让人这样做了——每一次的结果都毫无例外，人们写在右边的事情比左边的多得多。

还没完呢。现在继续，"这是个大发现。看，你的成功比失败多多了。这是不是说明点什么问题？"当然说明问题了。

然后我再问："现在再来看。我们来看看这些失败。其中你克服了多少？你真正消化了多少？有多少是你从中又站起来的？有多少是你现在不再觉得是障碍的？把这些都移到成功那一栏里去。"

这是因为你苦过了，对你来说，你曾经无家可归，你经过了，这成了一个优势。它不再是消极的了。你经历过一些其他人做不到的事，这让你比别人强。说你比他强，乔，不是说强在你的经历好过他，而是说我们经历过了那些苦。当你能够把你的失败移到成功下面，然后也许是这辈子第一次真正看清自己，看清自己到底是谁，这是多大的力量。

事实就是事实，我们没法改变它们。但我们应该看到发生过的事实是如何改变我们的。如果我们只从负面的角度看待负面的经历，我们就会越来越沮丧，我搞砸了，我傻得要命，我丢死人了。但是如果我们回头看那事，我们可以说："哇，我重新站起来了，我克服过去了。是，我当时是很傻，可是上帝，我那时不过12岁、18岁、22岁，或者我当时不过怎样怎样，可是现在我已经克服了。"一下子你感觉自己很牛，那个负面的东西已经变成了正面的。

吉恩·兰德拉姆曾是名高科技的主管，后来成为教育家和作家。他也是企业家，创办多项事业，还是我们耳熟能详的查克芝士欢乐餐厅的创意人。多年来，他和许多富有创意的高成就人士打交道，于是他开始写书，分析是什么造就了成功人士，我成了他的粉丝。他的博士论文《创新人格》引发了一系列有关成功的心智因素和情绪因素的新书问世。他还写了《超人症候：你成为你所相信的》。

你知道，我总是谈到亨利·福特，他才上过小学五年级。他在底特律。你觉得他明白自己在干什么吗？不，他不明白。他实际上是在给自己惹大麻烦。1914年，他把T型车的价格定得比成本还低，然后那个注册会计师，就是首席财政官辞职了，向他发起了集体诉讼。他做出那样的事还真是无知无畏。

乔，我要说的就是这个无知者无畏。有时候我们知道得太多，太知道怎样是对自己好了。我们知道得真多，而且乔，你也听我在过去的访谈里说过，在查克芝士餐厅，我让老鼠送上比萨，人们说："你脑子有病。我们得灭鼠，你不能有老鼠。"我不知道餐厅里不许有老鼠出现。我跟人说，我是真不知道那么多，我不知道我想做的是不许的，我就做了，结果大家都爱死了。

还有奥普拉，奥普拉·温弗莉，她第一次做电视直播的时候……她那时候只有20岁……她紧张得要命，她说："我不知道怎么做。"于是她坐下来。你的听众肯定要问了："如果是我在那可怎么办？我怎么处理这事？"

她想了想，她是很聪明的人，她说："我知道了，今天我不是奥普拉。"对了，我在我那本《超人》书里有一大段都是写这个故事的。有时候我们得骗自己，得让自己进入想入非非的幻想里，幻想自己是另一个人，如果你能做到，你就会超越你的恐惧，你不是你了。奥普拉就是那样做的，她说："我知道了，今天晚上我不是奥普拉，我是芭芭拉。"因为那时候芭芭拉·沃尔特斯是脱口秀第一名主持。然后你们也知道她表现得如何啦。乔，那可是千真万确的真事。

听众们注意听了。她真的穿得像芭芭拉一样——她是田纳西州来的，芭芭拉则是纽约人。她把自己穿成芭芭拉。她对自己说，要像芭芭拉那样走路。乔，你知道我怎么想的吗？这里头太有意思了，她现在比芭芭拉身价高多了。她值20亿美元。

阿诺德·佩滕特写了不少书，《所以，你可以拥有》至今仍在销售。他还写作了《旅程，金钱，寻宝》《通往现实的桥梁》。

我写《旅程》是想说明我们的生活基本上和我们的本性是相冲突的。我们看到对我们本性的定义和描述，然后我们发现我们实际生活经历的和这些本性矛盾。我受到的培训启发了我，我用阶段一和阶段二来解释这个冲突。

阶段一是刻意制造和本性相冲突的经历。我们在这一世投生之前，就计划好了会投胎在怎样的家庭，会有什么样的信仰体系、存在系统等。一切都设置好了，要进入人类的体验就得放弃掉我们本来是什么，放弃神的力量和临在，把那些都忘掉。

知道吧，我们是从合一中来的，所有永恒的时间都是用来让我们回到合一，但在这个过程中，我们也尝到了其他体验自身的方式，人类的经验。我们现世所处的这个场域是非常致密的场域，和我们的本性相悖，我们的生活必然有违本性，我们只有这样活才能体验人世。然后，有的人，像听这个节目的这些人，在某个时刻，突然顿悟："哎呀，生命远不止我迄今为止体验到的那些。"他们就像你，像我一样开始追寻，寻找到底什么是真实的。这样我们就开始了阶段二，意识转向我们的本性。

其中最关键的是认识到我们每个人都是阶段一的创造者，我们创造了那些经历。我们让自己的生活和本性相违背，我们是创造者，对创造者，我还想多讲一个方面，就是作为创造者，我们也能让自己失去创造者地位。

你明白了吗？当我们说创造，其中包含两个层面的能力。真正的能力永远属于神。我们不能在那个层面创造。我们能创造的，是小创造，基本上都发生在我们的想象中。它们不是真实的，也不能持久，但我们能让自己相信它们是真实的，我们也的确相信了，那就是我们的人类体验。

从某种意义上说那全都是虚幻的，是造作的，可是正因为我们有能力创造虚幻，我们也一样有能力让自己坚信这一切都是真的。而当你进入觉醒阶段，你开始分得清什么是属于我们的人的创造，什么是神的创造。

七大障碍

我举办"劳斯莱斯幻影车大师心灵"活动的过程中，遇到了许多业已获得成功，还想得到更多成就的人士，他们想要更多的钱，更大的成功，更深的洞见，更高的灵性，更丰富的生命体验。

他们许多人已经是百万甚至千万富翁。不少人已经得到了广泛的承认，但仍局限在相对专门的领域内。简而言之，无论用什么样的标准衡量，他们都是已经取得很可观的成功的人士。但他们中的许多人想要世界范围的成功。他们真心想进入精英集团——他们想制造更大的局面，用更宏大的方式，为更多的人带来改变。

可以说他们想要自己的名字家喻户晓。

我乐意帮助这些出色的人士取得世界范围的名声，获得更高的财务成功。有些人听到我的话很吃惊，但我自己一点也不吃惊。我能预知每个人能达到的可能性。尽管如此，在帮助这么多人步入人生更高境界的过程中，我也学到了不少新的东西。

我的体会如下：有准确无误的方式来预测一个人是否能达到他

们想达到的境地。阻碍你取得世界范围的成功的障碍不外乎以下七个方面。看一下这七点，看看有多少在妨碍你进入人生更高层次。这七个方面都很重要，因此我讲解它们的顺序并不表示重要性递减。

你的梦想不够大

梦想必须要大。惊世骇俗地大。因为如果你的憧憬不够明确，不够有力——要让你激动不已，甚至有点害怕——你就不可能去做能实现你梦想的事。你明白了吗？要想获得世界级的名声，你得有个大胆的巨大梦想，足以推动你去为梦想而活。

你需要有憧憬，来启动你头脑中的马达，寻觅机遇、关系。如果没有宏大的梦想——目标、渴望、憧憬——你就只能过日子，而不是发达；你只是存在，而不是飞扬。

在我自己的人生中，我在57岁的时候想成为一名音乐家，这个梦想很激动人心，也让人胆怯。但那是我的大梦想，巨大无比的憧憬给了我精力和信心，让我在五年不到的时间里创作了15张专辑。我赚到的钱足够买几把世界上最昂贵的吉他。

最重要的是，我的大梦想最终将我的音乐送到世界各地的人的手中（耳中），甚至超过了我梦想的人数。

你没有坚持行动

愿意采取行动，并且坚持不懈地行动，这一点非常关键。你不需要事先就有个按部就班的计划，因为你边行动计划就边产生了。

但你绝对需要去行动。

任何行动都好，哪怕那一步迈得像小婴儿一样，也是在朝正确的方向努力。你只有往前走，路才会出现。你走下去，下面的路才会清楚。就像是在晚上开车，你只能看到前灯照亮的那一点点，但只要你不断开下去，就能走完全程。

我举我自己为例，每次我开始写一本新书，我面对的都是一片空白。但只要我往白纸上打字，我最终都能完成一本新的书。我的许多书都是全球畅销书，像《零极限》《THE KEY：启动正向吸引力的钥匙 》。

你的信念不够坚定

取得世界级成功的人士都对自身有着异常强烈的信念，有时甚至是无比顽固的坚信。如果你不相信自己，不相信你的梦想，你就不会采取任何行动，即使行动也不会持久。对金钱、成功，还有你自己的信心不够坚定，就会抑制你的热情，限制你的梦想。

你所相信的创造了你的现实。有力的信念会引来你想要的巨大成功。我又要举我的音乐家之梦为例了。我之前没有任何唱歌、写歌、录制或其他相关的经验。而我逐一排除了不坚定的信念，运用我在"奇迹教练"课程中的技巧，我解放了自己，去追求我的梦想。

你缺少必要的勇气

"没有勇气就没有荣耀。"此话千真万确！我们需要勇气来面对恐惧，真诚信仰，并为世界带来巨大的改变。这不是说你要虚张声势，而是说你要愿意进入众人瞩目的中心位置。这不是只要做个外向开朗的人那样简单，而是要为自己的梦想赌上一切。成功者未必不能腼腆，但一定是充分相信自己，愿意追逐自己的梦想的人。

我经常说，但凡你的梦想比你以前做过的任何事情都要大，你就会感到害怕。这很自然。你离开了舒适区。可是，你只要深吸一口气，去做，你就会发现内在的力量涌现，支持你继续做下去，行动自会一个接一个，不会停止。

你不想去做好营销

"你建好了，人自会来"，这话放在电影、小说里很合适，可实际生活中，你必须知道：如果你不去营销，不会有人注意到（就连"你建好了，人自会来"这话所出自的电影，也一样得做营销！）。那些给世界带来巨大变化的梦想家们，不是自己亲自大做营销，就是雇专人营销。

以弗洛伊德为例，尽管他已经出了书，思想也受到了关注，但影响的范围并不大，直到一位营销专家改变了这一切。爱德华·L.伯尼斯是现代公关之父，也是弗洛伊德的外甥。舅舅的努力都看在他眼里，他帮了弗洛伊德。现在弗洛伊德享有世界声誉，很大一部分都多亏了他的这位外甥。

你没有一飞冲天的气势

想要世界级的成功，意味着你要脱颖而出。要以大手笔做大事，这样你才能一飞冲天，让人们转向你。

看看特朗普，不管你喜欢他还是讨厌他，会选他还是不选他，他在世界上的知名度还是越来越高。

还有布兰森，他的一系列惊世骇俗的做法，不管是乘坐热气球到处冒险，还是商业太空旅游飞行计划，让他的名字家喻户晓。

你没有远远超过预期

最终，你拿出来的东西应该让人感到惊奇。你的产品或服务应该远远超过你当初承诺的，超过人们的预期。要让人赞不绝口。

许多国际著名的公司在这一点上都做得很好，"捷步"（ZAPPOS）就是如此。他们超过预期，提供让人赞叹的服务。1800年，巴纳姆在他的博物馆里提供了上万件稀奇古怪的小玩意，人们至今还记着他的名字。

以上就是我给出的通向世界级成功的七大障碍。其中的任何一个都会阻止你。如果你七样毛病都占全了，那么你连读都不会读这些。现在你知道这些了，下一步该怎么做，看你的了。

蝴蝶和你的网状活化系统（RAS）

看看你周围有多少蝴蝶？这会儿你可能在家，或在办公室，也许一只蝴蝶都看不到。不过你也许能在今天之内看到几只——杂志照片上的，电视里的，或者外面大自然中的——在这个问题完全从你意识中消失之前，你就有机会看到蝴蝶。

为什么？

得克萨斯州奥斯丁将举办"得克萨斯魔术家协会"大会，我参加了关于此次大会目标设定的讨论，在讨论会上，我注意到我们的"网状活化系统"——RAS。RAS位于你脑干底部。它的功能是随时随地从你周围成百万的数据字节中选取七个与你相关的字节传送给你。

这是自然选择用以生存的工具，许多作者都给它起了各种各样的名字。1960年，麦克斯韦·马尔茨写出了突破性的著作《心理控制论》。在这本书里，他将RAS称为"伺服机制"。我感觉听上去怪怪的，不过马尔茨和他的拥趸者觉得好棒。

不管怎么说，你脑子里存在着某样东西，只要你激活它，就会帮你找到你想要的。那我们就来仔细看看……

RAS如何选取与你相关的信息？

基本上以两种方式筛选：

1、任何有助于你生存的东西。

2、与你的目标相关的东西。

生存永远是默认设置。你的脑子是设计好的，就是用来让你安然无恙，活下去并繁殖后代。你不用刻意去思想这些，它已经烙刻在你的脑子里了。

你在无意识中的大量工作都是用于帮助你顺利存活于此刻，并尽量让你的一部分能遗传下去。不过你也可以自定义设置，用头脑来进行更多的筛选。比如每次你设定了一个目标，你的头脑就会帮助你找到你想获得的。

你将一条新的命令写入RAS。它立刻开始从每时每刻一千万条数据字节中选取与你的目标相关的字节传输。但你要怎样去设定你的RAS？

想要在你的脑子里输入一项新的指令，最好的方法是建立符合下列三项标准的目标：

1、富含情感

2、栩栩如生

3、不断重复

换句话说，一个目标必须要有情感（爱、恨、恐惧等）做燃料；要像看得见的图像那样活灵活现（头脑对图像反应积极）；要不断重复（让它牢牢印在脑子里）。

当我要求你寻找蝴蝶的时候，我就暂时启动了你的 RAS，让它搜寻蝴蝶。可是没有强烈的寻找蝴蝶的情感理由，没有你想要找的蝴蝶的生动图像，没有不断重复这个指令，你很快就会忘记蝴蝶这档子事儿。对任何你想要的东西，情况都一样。

你的头脑是用来帮你达到目标的，但你必须先告诉它你想要什么。为什么不现在就试试？就按下面的方法试试：

1、选一个渴望、目标或愿望。

2、为它找到情感上的理由。

3、在心里描画出栩栩如生的画面。

4、每天都看着那画面，感受你的渴望。

当然，你还是要去真正行动。

华莱士·沃特斯（因著有《致富之学》而闻名）说你所想要的会以自然的方式到来。但是可别期待一场好莱坞电影式的自然到来，以为你的目标会像魔法世界里那样自动实现，当然如果真有那样的好事降临在你头上，举双手欢迎吧。

期待着奇迹——做你想去做的一切。眼下，别忘了蝴蝶。

互助：集体的力量

我在2015年底写下这些字的时候，巴黎正处在受袭后的震惊中，人们担心亲朋好友的安全，忧虑大家的未来。世界跟跟跄跄地试图从武装袭击中恢复，而某些更糟糕的东西在许多人的内心滋生。

我关注着世态人心，我看到了暗藏的受害者心理：

我们是风暴的受害者。

我们是袭击的受害者。

我们是运行不良的政府的受害者。

我们是油价的受害者；石油短缺、通货膨胀、经济衰退、税收、战争，等等。我们是这一切的受害者。

我要说的话和别人不一样，也许有人听了不高兴。但我希望这话能让你振奋：你比你想的要有力量。

对，你是不喜欢身陷战争，但这不表示你一定要躲在被窝里发抖。我甚至相信，要是有足够多的人有正向思维，我们也许能创造出某种"反风暴"能量 ——当然这听上去的确神叨叨的。我们可以用念头来保护自己和我们所爱的人。

在《吸引力法则》一书的结尾，我用一项调查报告来阐述并证明上述观点。超过19项研究证明，当有大量的人拥有正向意愿时，这些想法会辐射出能量，意愿会变成现实。十年前，我请我的读者帮助阻止"飓风瑞塔"。"瑞塔"被成功阻止了。几年前，我让读者帮忙阻止得克萨斯州森林大火的蔓延。大火熄灭了。几年前，我母亲得病，我请求读者帮助我母亲继续活下去。我母亲现在还和我们在一起。现在，我们再次携起手来，也一定能为巴黎做点什么。

我不是说应该无视眼前的现实。我在希望你一起创造一个更美好的未来。我在说，别陷在恐惧中。我在邀请你来到信仰跟前。如果你觉得你或你爱的人会遇袭，那你现在已经遇袭了：你已经活在恐怖中。你的生命黑暗、阴郁，如同牢笼。

我建议不去看主流媒体，因为它们最擅长把人们扔进恐惧中。那不是资讯，那是宣传，难怪被称为 programming（制作节目，也有"设置"的意思）。它让大量的人们产生负向思维，这些想法会转变成事实。那我们为什么不反过来做呢？

我们为什么不让大量的人们去正向思维？对，你是应该注意旅行安全，要明智出行。对，你是要照顾好自己和家人。对，你可以捐钱给任何一家你觉得现在能帮得上忙的善款组织。但同时你也要检视自己的内心：

> 你是活在恐惧中？还是在信任中？
>
> 你是出于恐惧而行动？还是出于信仰？
>
> 你是聚焦于负面？还是在努力创建正面的形势？

我们总是可以选择。

我恳求我的读者——也就是你——请你停一下，呼吸，关注爱；祈祷，或用其他积极的方式传递能量，帮助消解你周围的恐惧氛围。我恳请你从今天起就这么做。

写到这里，我想起肯特·基思博士所写的著名的《矛盾的戒律》：

> 人都是毫无逻辑、不讲道理、以自我为中心的。
>
> 但还是要爱他们。
>
> 你如果做好事，人们会控诉说你必定是出于自私的隐秘动机。
>
> 但还是要做好事。
>
> 你如果成功了，得到的会是假朋友和真敌人。
>
> 但还是要成功。
>
> 你今天所做的好事，明天就会被人遗忘。
>
> 但还是要做好事。
>
> 坦诚待人使你容易受到伤害。
>
> 但还是要坦诚待人。

胸怀大志的男人和女人，可能会被心胸最狭隘的小人击倒。

但还是要胸怀大志。

人们同情弱者，却只追随强者。

但还是要为几个弱者而斗争。

你多年建设起来的东西可能毁于一旦。

但还是要建设。

人们确实需要你帮助，但当你帮助他们的时候，

反而会受到他们的攻击。

但还是要帮助他人。

当你把你最好的东西献给世界时，你也许会被反咬一口。

但还是要把你最好的东西献给这个世界。

我知道你也许觉得正向思维只是浪费时间。

但还是去正向思维吧。

我知道你也许觉得你的努力都毫无意义。

但还是去努力吧。

我知道你也许疑惑集体静坐到底起不起作用。

但还是去坐吧。

我知道你也许怀疑祈祷是否真有帮助。

但还是去祈祷吧。

让我们现在就创建我们希冀的正向未来。让我们关注灵性，关注爱。我恳求你做的，是快乐，现在就快乐。

微笑。

把这爱的能量朝巴黎的方向传递出去。祝愿一切都幸福，因为从灵性的角度而言，实际上一切本来就幸福。我们能带来改变，就从你我做起。

你愿意与我同行吗？

四维处理：让财富滚滚而来

以下描述可帮助你视觉呈现第四维：

画一个点，将此点延展成线段，将线段弯曲成圆，

将圆旋转成球，而第四维是一拳击穿那个球。

——爱因斯坦

感受是注定的。

——爱默生

我写本文时激动得发抖。这是篇特殊的论文，是我第一次试图解释什么是四维处理。我非常兴奋。四维处理是有效的。我深信它是关键，能通往一个新的世界，其中充满了可能性，因为在第四维度，一切都是可能的。

我来解释给你听，证明给你看：大多数人都在自己无意识的受限信念里折腾，去争取他们想要的东西。他们自己不知道，他们所谓的现实是由他们现有的心智机制创造的，而对这个机制，他们完全没有意识。尽管他们想改变自己，以便得到更多的财富，或更好的生活，但除非他们改变整个机制模式，否则任何改变都不会持久，也不会有根本性的变化。他们不过在一次次地换汤不换药。

我用下图来说明问题：

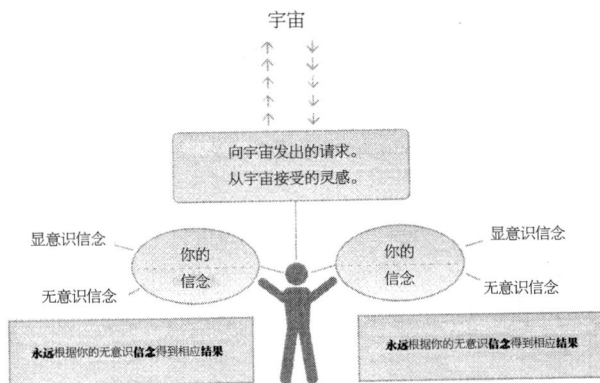

此图表明，心智的无意识层面会对一切事物进行过滤筛选，从灵感到意愿等一切现象。那个过滤器就是我们的信念系统。一个人是否允许某些东西出现在自己的生命中，比如财富、浪漫等，取决于他心智的无意识层面。

如果他们相信金钱是坏的、邪恶的，这样的信念会阻止金钱进入，也留不住钱。因为此人认为金钱是坏的，他会尽快地清除金钱——但自己却几乎不知道为什么。他们总会把缺钱的原因怪罪于他人它事，却从不自己照镜子看清自己。他们基本上连想都没想过自己这个样子的原因在于自己的信念。

我建立了一套方法来突破这个局面，解决问题。我把我的方法称为四维处理，它会推我们一把，将我们推向另一个方向，去创造新的现实世界：离开我们现有的现实。

离开后去哪儿？去第四维度。让我们从一根直线开始解说什么是四维处理。

这根直线代表平面，有的人称之为第一维度。当人们下决心，写下论断的时候，他们是在第一维度的层面想对生活进行改造——非常有限，非常费力。你可以从个层面来改变自己，可是很不容易，见效极慢，而且即便见效也不会持久。它的力量微弱，说到底，它不过是条线。

稍好一点的办法是栩栩如生地想象出你想要的情形。这样做会给渴望带来点深度，至少让它在头脑想象里显得比较二维。有的人会使用想象画板。他们制作一块画板，把能代表他们渴望的图片放上去。他们把画板放在自己随时能看到的地方，通常是贴在冰箱上或浴室的镜子上。

想象画板是一种方法，用来和你心智的无意识层面交流，让它知道你的愿望。不过有的画板会有好几个愿望展现在上面，那么对其中一个愿望应该集中关注，采取更有力的方式——用富含意义的图像去代表这个愿望。

比如，我想要一部1955年产奔驰S1300"鸥翼"古董车，该车被视为世界首部豪华车。我会给这部车拍张照，把照片贴在我能看到的地方。看着真实车辆的照片进行想象是更加二维的方法，更能创造感觉，呈现实物，产生更大的吸引力。图像是很有威力的，也被证实是极有效的，在各个领域都起作用，无论是体育、医疗还是生意。但你还是在有限的向度内做功夫，仍在现有的受限信念之内。

你尽可以想象你想要的财富，但如果你仍相信它对你不好，你就不会有机会得到它。虽然你有可能通过图像想象来取得很好的成果，但此方法本身是有限的。它仍是在已有的框架下工作，根本谈不上转化。

而更高一个层次的想象是，想象自己已经拥有了那部车，你正驾驶着它，和朋友们一起畅快享受——让你自身完全进入到画面里。这是三维层面所展现的体验。你不是写下决心（一维），不是看着一辆和你没关系的车（二维），而是仿佛进入一个全息体验，当下就享受到这部车的欢愉，好像它现在就真实地在你身边。这是三维想象，加入了我们作为人都具有的生理感受，让渴望尽可能地具体。这当然更好了，但却不是最好的。显然这三种方式都起效，但都有着局限性。

· 写下论断是平淡刻板的一维方式，因此带来改变的能力很小（但不是没有）。你必须不停地写下论断，不断更新你头脑的设置。

· 用视觉呈现想象你所要的东西，无论是一辆新车还是一笔财富，是更加二维的方式，因为它让你所想要的东西在脑海中活灵活现。这种方式让你的渴望变得有形象有色彩，有深度也有情感，这都是很重要的因素。但是，你仍然受制于你的信念，缺乏新的可能。

· 三维方式是以更加日常的感受来想象你的愿望：让它像真的一样。去想象你所希望的业已成真，想象如此逼真，让你觉得实际上就是如此，这样会让你尽快实现你的愿望。

但是，即使是这个方式，也仍然在你现有的信念中运行（只是你并没有意识到这些信念）。

那你怎样才能抛开一切限制，一切受限的信念，整个心智框架，进入一个有无限可能性的世界？

来到第四维度吧。

我在十几年前读到了内维尔·戈达德于1949年写的《另一个现实：思维的第四个维度》，开始对第四维现实产生了浓厚兴趣。在书中，有一个章节名为"用四维方式思考"。

节选如下：

有一种技巧，可以用来在事件尚未发生时就让你尝到它的味道，那就是"使无变为有"（罗马书4:17）。人们习惯于轻视简单的东西，但经过多年的寻找和实验，我们发现的这个能改变未来的技巧却是如此简单。

要改变未来，第一步是渴望——那就是：明确你的目标——确定无疑地知道自己要什么。

第二步：想出一件你认为在实现目标后会发生的事——一件能表明你的目标已经达成的事——一件其行为本身就宣告与众不同的事。

第三步：身体不动，进入一种类似于睡眠的状态——躺在床上，或放松地坐在椅子上，想象自己在睡觉，然后闭着眼睛，将注意力集中在你想要经历的事情上——在想象中——用头脑体会你将做的事情——想象你现在就在做这件事。在想象中，你一定要参加进行动中，不要只是旁观，而是要真的去做，让想象无比逼真。

最重要的是，始终要记住你要做的事情是在愿望达成后会发生的事情；而且你必须感觉自己真正在行动中，直到你的感受无比清晰生动，和真的一样。

举例来说，你想要在工作上得到升迁。这个目标达成后会发生的事情是受到大家的祝贺。你选定这件事情作为想象，身体不动，进入类似于睡眠的状态——半睡半醒——但仍能控制自己的思想方向——一种可以毫不费力地集中注意力的状态。现在想象一个朋友站在你面前。想象你把手伸给他。先感受到具体而真实的握手的感觉，然后想象你在此情形下和他说话。不要想象你离你受祝贺的地点有什么距离，也不要想象自己不在那个时候。相反，你要让现在消失，让受祝贺的未来变成现在。在一个维度更宽的世界里，未来的事件现在就可以发生，我们现在的日常生活是平常的三维空间，而在一个维度更宽的世界里，奇妙的是，将来和现在可以同时发生。

你可以感受你现在就在做那件事情，你也可以在视觉中想象自己在做，好像看电影屏幕一样，这两者的区别是：一个收获成功，一个得到失败。

为了真正体会到这两者的不同，你现在就可以用视觉想象自己在爬楼梯。然后合上双眼，看见楼梯就在眼前，感觉自己真的在爬。

内维尔向我们解释的，是通过四维体验（意象来自这里）创造出一个三维现实（我们日常生活所在）。他的方法是对的，但却没有能够阐述清楚，未能将整个过程解释清晰，以帮助大多数人。再说，他不是个催眠师，也不是教练。他是个神秘主义者。

他也不是第一个讨论第四维度的人。1916年，克劳德·布莱格顿写了一本名为《四维场景》的书。我手头有此书的1925年版本，他在书中对第四维是如此描述的："我们的空间不能容纳它，因为它不包含任何空间。没有墙壁将我们和这个维度隔开，连我们肉身的牢笼都不能阻隔；然而我们却不一定能进入，尽管我们早就'在'了。那是梦想的国度，那是爱丽丝的奇幻仙境。"

除了布莱格顿的开拓性著作，数学和理论物理的领域里也有不少描述第四维度的作品。我们也别忘了科幻作家。罗德·瑟林将他的第五维度叫作"阴阳魔界"，比较可怕，不太有觉醒的味道。但是这是很好的电视剧材料。不过他仍指出了存于现实世界之下的另一个世界。

内维尔在1949年播下了思想的种子，而我所做的是将这些种子培育成可用的良材，用于处理财富的运转。

现在，我以1955年的"鸥翼"车为例，来说明如何进行财富运转。

一维方式是写下论断，比如"我现在拥有1955年奔驰SL300'鸥翼'车（或者更好的东西）。"（我总是加上"或更好的东西"作为留有余地的话语，以便向目前我还未想到的更好的可能性开放。）我得每天写500遍这个论断，一天都不间断，天知道要多久才能在我的无意识中造成影响。它过于平淡，无法迅速取得成效。

二维方式是用视觉想象。至少这样能为渴望加上深度宽度，让它在脑海中更贴近真实。而且潜意识对图像画面会有反应，这样做是有效果的。可是我也许得每天看着"鸥翼"车的图像，看上经年累月也不一定真能成功得到一辆。这个方法不够有效。

三维方式是想象我已经有了这辆车，开着它，泊好车，拿着车钥匙，给车拍照，等等。这样的方式能更快地将渴望印入心头，因为它把我也加进了想象的图像画面中。这很好。

而四维方式则是想象我生活在一个没有限制、没有信念、没有约束的世界——在那里一切皆有可能，因为那里的时空无限广大。我通过一种恍惚状态，或经催眠师或教练的引导，就能进入那个充满无限可能性的广阔国度，仿佛进入了我们这个固有世界形成之前的世界。我在万有之先，我在"白板"中（"白板"是我在《零极限》等书中用的术语）。

在第四维度，我只要让这辆车进入我的生命即可。在这个维度里，没有匮乏、需求、渴望，只要是这里出现的东西，从本质上就是属于我的。我只要允许，接纳，欢迎即可。没有沉溺，没有执着，没有需要，没有压力。

这一步的确有点玄妙难解，不过很多神秘学派以及形而上学都描述过这一万物之始的状态。

显然，奇迹教练、催眠、声音诱导、记忆过程等都是很有用的方法，助你更好地使用第四维。就算能进入第四维世界，人们还是有可能带着限制、信念或障碍，让他们无法建立一个开放的方式。他们仍然会透过无意识的信念来看现实。所以我认为对大多数人来说，奇迹教练或专业催眠师是需要的。（注：我和马修·迪克森创作了"第四维音乐"，想通过催眠、教练、记忆进入第四维的人可以同时使用四维音乐。详见www.TheFourthDimensionMusic.com）。

这一切有用吗？放心吧。我用上述方法处理1955年原版"鸥翼"车，看看一天之后的效果：

首先，我想我应该查一下这辆古董车的实际售价。网上没有列出它的价格。我给车主打电话，他告诉我说，这么一辆有年份有收藏价值的车，非195万美元不卖。我谢了他，挂上电话。我并没有灰心丧气，而是开始谋划。我把车主告诉我的话当作纯粹的信息，心中想的只有："从哪里弄到这笔钱？""我要这辆车，或更好的东西。"

接着，第二天我突然想到可以查一查eBay看有没有"鸥翼"车卖。倒是有几个玩具模型卖，我出了价。我想有一个模型在手可以让我更好地从三维角度感受这辆车，我能摸到看到形状轮廓线条。我能拿着它，想象实物。

当我在eBay上继续浏览时，我看到了一辆在售的"鸥翼"车，让我大吃一惊。我知道奔驰一直在生产现代"鸥翼"车，几年前我开过一辆，但不喜欢它的体型和动力。但这辆车是2007年出的复制款，外观完全和1955年的"鸥翼"一模一样，不过是手工打造的，发动机和传动装置用的是雪佛兰的，复制了古董车。

我一下子被吸引住了，主要是原版车没有空调，而这部复制车装了空调（网上有些很搞笑的视频，那些开着原版"鸥翼"的人在路上将车门高高升起，为了进一点凉空气。）新车还有一个好处，车部件出问题的话在任何一家通用车店都可以维修更换。

这不就是我说的"或者更好的东西"嘛！我给车主留言，询问车辆的状况。他很快答复了，答复的内容让我更加兴奋。我决定开价。

我有点担心拍卖会失去控制，好多拍卖都是如此，标价会噌噌往上蹿，远远超过车本身的价值。但我立刻想起第四维度，那里是没有时空限制的。我只需拥有这辆车，不去管它是怎么来到我身边的。于是我扔掉了自己的顾虑。

然后卖家又联系我了。他已经收到了来自世界各地的一百多个报价，不过他说如果我能够出个接近保留价格的价钱，他就立刻结束拍卖，把车卖给我。这样他不用等拍卖结果，等着钱到手，天天悬着一颗心，想这车到底能卖多少，到底会卖到哪里去。对我和他来说，这是双赢。

车是新的，原价18万美元。只生产了12辆。它样式复古，行驶良好，只开了不到1100公里。我心里已经要定了，不过我的心理价位是不超过10万。卖主想要8.9万，我还价8万。他接受了。

车子立刻就能发出，我一周后就可以收到——我运用四维处理，只过了24小时，就发生了这些。

这发生得太快了，也太容易太不费力了，我还在发抖（高兴的），还在继续处理经历。

你要明白，我想那辆车想了十来年了，在画板上贴了两年，梦里也在想它，醒来就在念叨它，却一直没有得到，直到我开始运用四维处理，结果第二天（！）就得到了。

我在开头就说了，这份特殊的报告是我第一次解释四维处理。我很激动，因为它确实有效。我再说一次，我相信它通往一个奇妙新世界——在第四维，真的是一切都有可能！

我的"鸥翼"车就是证明。现在唯一的问题是，我得再四维处理出一个停车位。

关于《守则》

在整个觉醒的百万富翁宣言中，核心是《觉醒的百万富翁守则》。

作为觉醒的百万富翁，你所做的一切的核心是《守则》。你采取的任何一项行动，跟随的任何一个直觉，定下的任何一个意愿，所做的任何一个决定，都是由《守则》指导。你的激情、目标和使命彻底与《守则》保持一致。它是你整个旅程的基础。虽然每一个人都是特别的，以自己独一无二的方式呈现了觉醒的百万富翁，但我们都需要《守则》来指引我们，团结我们。

因此，正确理解《守则》的每一条，知道它到底说的是什么，如何在日常生活中体现出来，这些都是非常重要的。

我们开始解读《守则》。

觉醒的百万富翁首先是由他们的激情、目标和使命驱动的

没有激情、目标和使命，就不会有觉醒的百万富翁。这永远都是你的力量来源，是指引你前进 光芒。如果你牢牢记住自己的激情、目标和使命，就不会迷失方向。它是你心中的北斗星。

当你一路和我同行，走过觉醒的百万富翁的历程，你会经历到激动人心的机遇。也许是与金钱的关系发生了惊人的变化。也许是激发了你直觉的重大能力。也许是让你明白金钱和灵魂可以合作，提升你的生命和使命。

但除非你对你的使命十分清晰，在激情的指引下牢牢锁住目标，否则你很有可能茫然失措。我们经不起东拣西择。

激情是由灵魂发出的呼唤，犹如巨大的牵引力引领你的心，它是因想象结出的甜美果实。你生命中最为热爱的东西，就是你的激情所在。如果没有任何牵制，你的时间和金钱会花在哪里？那就是你的激情。找到你的激情，别让它离开。

目标是激情在现实世界中的表述。这是将激情转为行动。你如何找到目标？深深地倾听来自灵魂的召唤。你不能强求目标。不能用头脑硬造一个目标出来。你必须要找到内心不断向你呼喊的那个声音。除非你找到了目标，找到了激情的表现方式，不然你一步都不能前进。你应该向内看，去倾听灵魂的声音，听它告诉你应该向何处去。如果它还不清晰，要相信你必能找到它。要有耐心，要勤谨，我们每个人的内心都有目标。我们该做的只是保持开放。

将你的激情和目标结合起来，你就拥有了觉醒的百万富翁的使命。这是你不可动摇的基础。生活会给你带来许多磨难和考验。但你有了使命，就好似生了根，牢牢地站稳脚跟，任凭风吹雨打也不会倒下。你的使命可以很明显地表现在你做的每件事情上，也可以比较含蓄，只有你心知肚明。但不管怎样，还是可以从你做的每件事情上体现出来。

找到你的激情。找到你的目标。找到你的使命。这就是觉醒的百万富翁的道路。

觉醒的百万富翁将金钱作为灵魂的工具去产生积极的影响

觉醒的百万富翁和金钱的关系得到了转化。这中间没有灰色地带。金钱的本质毫无疑问是中性的。你曾拥有的对金钱的想法已经远去。那已经是过去的你了。

现在，金钱是由你掌控的，用来让你的使命呈现，帮助实现来自你灵魂深处的意愿。你内心的召唤和目标赋予了金钱意义，让它帮助你实现使命。你会永远用它来助你在这个世界发挥影响。只有和金钱的关系得以转化，你才能成为觉醒的百万富翁，为世界带来变化。

享受金钱所带来的奢华并没有什么不好。你的召唤并不需要你将钱全部奉献出去，不需要过苦行僧的生活。享受金钱的好处吧。品尝奢华的滋味。让自己受用金钱能带来的回报。

但永远不要忘了金钱的终极目标：帮助你实现使命，让你产生影响，让后代能感受到你带来的影响和作用。

觉醒的百万富翁永远都有力量，绝对相信他们自己

对遇到你的每一个人来说，你都是一个完美的力量的榜样。这

个世界充满了受害者思维模式，而你摆脱了旧有的束缚，获得了真正的力量。你对你的生命完全负责。你明白所谓力量，其本质并不是试图控制发生在你身上的每件事情。你明白力量意味着责任，对你遇到的每个情境、每个挑战、每个障碍，你都有责任去决定如何应对。

有了这样的力量，你自然会对自己充满信心。力量和信心永远同时出现。你不可能拥有力量，却又不相信自己，因为力量的意思很清楚：不管你面对的是什么，不管多困难多艰险，你都会镇定自若，从容不迫地去经历。

觉醒的百万富翁永不停止成长、进步、重塑，永远准备发现

你很清楚在觉醒的百万富翁的生命中没有停滞不前。成为觉醒的百万富翁并不是到头了。成为觉醒的百万富翁是打开了空间，是拥有了崭新的思维方式，生命将永不停息地流动。如果你停下来，不愿变化，你就又回到了僵滞的生活状态，你的使命就不会成功。

所以你必须永远不停地成长。你必须成为不断演化的灵魂，去学新的知识，提高你的能力，重塑自己，发现藏于生命深处的宝藏，如果没有冒险的精神，你永远不可能发现这些宝藏。你永远不会停滞。你永远在成长。

觉醒的百万富翁毫不妥协地率直，甘冒风险，从不迟疑

他人惧怕冒险，不敢采取大胆直接的行为，你却拥抱你生命的

所有面向。他人恐惧的，你却欣然享受那刺激。你率直。你永远率直。你因率直而生气勃勃。

你甘于冒险，因为你知道那是发现新机遇的唯一途径。你甘于冒险，因为你知道别人口中说成失败的，实际是反馈，是成长的机遇。对失败你从无惧色。你拥抱失败。你就是无畏。

因此你从不犹疑。你会放慢步伐，好好思量你的计划，但你绝没有犹豫恐惧之心。你是无畏的。你是勇敢的。你知道果断的行动必然带来回报，因为失败根本不存在。只有成长。

觉醒的百万富翁受到来自直觉的灵魂之声指引

他人在犹犹豫豫中首鼠两端，你却在冒险中神采飞扬，步步推进。他人思来想去，不知如何决定，你却因觉醒的百万富翁的秘密武器而如虎添翼，那就是直觉。

直觉是你目标的直通车，它是你神圣天性的展现。比起你的意识、逻辑头脑，它了解得快得多，也深刻得多。它是你决策的基础。

他人会赞叹你的能力，每次你都能选择正确的路，而你知道，你不过是踏上更好走的路而已。你相信自己的直觉，因为直觉总能引导你来到你应该去的地方，哪怕你的头脑并不明白到底是怎么回事。你对直觉完全信赖，所以你从不犹豫。

觉醒的百万富翁知道财富是指他们拥有的一切，不仅仅是金钱

你是觉醒的百万富翁，是财富的体现。你知道财富是你拥有的

所有东西，不仅仅是金钱。哪怕失去了全部金钱，你还是富有。有了这样的理解，你就拥有了不败的武器。没错，金钱是能给你带来强大的力量，去影响世界。它的确是灵魂的有力工具，来实现你的使命。但它终究不过是许多工具之一。

你的财富是你的技能、天赋、激情、目标、使命、灵活度、资源、人脉、支援，以及你的个人力量。

当你渐渐成为觉醒的百万富翁，你也在同时扩大你的财富。

觉醒的百万富翁对他们拥有和达成的一切都充满深深的感激之情

觉醒的百万富翁认为没有任何东西是理所当有的。你知道你生命的每个面向，你的成功、你的历程都是恩赐，你做的每件事情都体现出这样的态度。感恩不仅是更高层次的生活态度，在觉醒的百万富翁那里，感恩还是一件有力的工具。所有的人都会被感恩的态度吸引。它像磁石一样吸引来帮助你的人，这样的帮助会不断提升你，最终让你继续向前。

感恩深深地进入你的内心。它会永远伴随你。生命是宝贵的。你的财富是宝贵的。你的使命是宝贵的——你一刻也不会忘记。

觉醒的百万富翁永远和普世的富足相连

觉醒的百万富翁从来不觉得不够。每一天，围绕在你周围的一切事物都是无数的机遇，为你的生命带来富足。每一刻，世上都有千万亿的金钱在流通，从来没有短缺的时候。

你知道如何从这普世的富足中汲取财富，你成为高手。你到哪，富足就跟到哪。你不是用尽心机去致富。你不走投机取巧的所谓捷径。那灿烂的财富向我们所有人都敞开，你只是知道如何与之相连。

觉醒的百万富翁慷慨、讲道义、关心他人的福祉

觉醒的百万富翁永远不会贪婪自私，永远不会以自我为中心。你的个人奋斗和事业开拓都建立在坚定的道德原则上，永远关心他人的福祉。你不会将个人好处凌驾于众人的利益之上。

你希望能够帮助他人，改善他们的生活，在这样的基础上产生了上述行动理念，同时，你知道这样的行动理念本身就是得到富足的秘诀。有的人深陷贪婪自私，不可自拔，他们仿佛瞎了眼，看不清自己虽取得一时利益，却永远不能达到真正的成功，那样的成功与圆满只属于慷慨仁义者。

觉醒的百万富翁尊崇三赢精神

离开贪婪，不再通过贪婪攫取利益，只要离开一步，双赢就可以出现，而觉醒的百万富翁走得更远。你奉行的是三赢精神：你赢，对方或客户赢，整个周围的世界都跟着你们赢。

因为理解了这个世界本有的万物相连的性质，你知道三赢关系是这一性质的体现。我们的一切行为都有涟漪效应，影响一连串的事物。因此我们不仅对自己行为的结果负责，我们还知道根据这个自然法则，我们有的是机遇去扩大我们的影响力，去带来变化。

觉醒的百万富翁总是问自己："我这样决定会让多少人赢？我怎样去成倍地扩大我能发挥的作用？"

觉醒的百万富翁衷心地与他人分享创业才华

觉醒的百万富翁是创业者。你将激情转化为利益，将使命转化为具有精神含义的金钱。同时，觉醒的百万富翁的每一桩事业都体现出他灵魂深处的目标和使命。你的事业体现了你的灵魂。你的产品或服务体现了你的使命。你的为人和你提供的服务之间完全一致，没有任何断裂。

你的事业是你人格的拓展，它代表了你。你尊重自己的能力，作为创业者，你诚挚而郑重地对待每一次事业上的抉择。

觉醒的百万富翁以身作则，是他人转化的催化剂

不管你个人的具体使命是什么，每一个觉醒的百万富翁的共有使命都是转化他人。指引你的是楷模，而你则通过成为楷模转化他人。你深深地明白：拥护《觉醒的百万富翁守则》的人越多，就意味着有更多的人愿意全力以赴，去改变世界，去提升自己，转化与金钱的关系，去带领人们超越一切束缚……我们越受益，就越能转化，自灵魂发出光芒，成为照耀他人的灯塔。

你知道我们生活的世界充满了问题。人们受苦，不公正，贫穷，病痛，环境岌岌可危，你知道我们都应该伸出手来。你知道每一个受你影响，步入觉醒的百万富翁之路的人都是又一个重获力量的人，

他们也能够帮助更多的他人，改善我们的人生。

你并不说教，不劝人皈依。你以活生生的榜样为指导，而其他人也会看你、学你、思考并受到鼓舞。

继续前进

现在，你已经全面了解了何为觉醒的百万富翁。你已经知道有怎样的机遇正在等待着你。你明白《觉醒的百万富翁守则》有多大的力量。你知道和金钱的关系正等着你改善……你知道这一切意味着你将发挥重大的作用。你知道自己曾陷在受害者思维中，软弱无力，也知道一旦你对自己负起责任，你将会变得多么有力。你知道激情、目标和使命将塑造你。你知道觉醒的百万富翁具有创业精神。你知道将激情转化为利益的基本途径是什么。然而，下一步该如何前进？

你如何继续前进，将自己真正转化为觉醒的百万富翁？

如何将本书所说的一切化为你追寻的新的曙光？

下面是你能够继续的实际操作。

我建立了"觉醒的百万富翁学院"，会教你具体应该怎么做才能最终成为觉醒的百万富翁。优秀而具体的教学步骤将你的一切疑问都囊括在内，教会你所需的所有技能和知识。它告诉你下一步该如何走。它告诉你有八大法则，可以将金钱转化为灵魂的工具；四个步骤，通向觉醒；该如何思考，如何行动，方向在哪儿。它告诉你如何实现你的创业之梦；如何具体地将激情转为利益。它将告诉你所需的一切，如何提升自己，如何进步，如何真正地转化，而作为此书的读者，你有了其他人没有的优势，知道到哪里去寻找资源。

我们等待着你：

www.awakenedmillionaireacademy.com/begin

谢谢你与我同行。愿你能和我一起继续接下来的旅程。你我一起，将改变这个世界。

爱你的

乔

相关信息

觉醒的百万富翁：www.awakenedmillionaireacademy.com

乔·维泰利博士：www.JoeVitale.com

奇迹教练©：www.MiraclesCoaching.com

第四维音乐：www.TheFourthDimensionMusic.com

催眠财富：www.HypnoticGold.com

维泰利博士推特：https://twitter.com/mrfire

维泰利博士脸书：http://facebook.com/drjoevitale

维泰利博士博客：http://blog.mrfire.com

自助音乐：www.allhealingmusic.com

斯塔特布鲁克协会：http://statbrook.com/wp

矛盾戒律：www.paradoxicalcommandments.com

集体冥想：

www.worldpeacegroup.org/world_peace_through_meditation.html

秘密祈祷：www.thesecretprayer.com